Bob Frissell

Rien n'est vrai dans ce livre, mais c'est ainsi que les choses sont.

L'âge de Lumière

Titre original : *Nothing in this book is true, but it's exactly how things are*

2741 8th Street, Berkley, California, CA94710, USA
Traduction : Ginette Grégoire, Luc Richard et Béatrice Petit
Couverture : Les 4 Lunes

CH-1225 Chêne-Bourg / Genève
ISBN : 2-88058-170-2

Bob Frisell

Rien n'est vrai dans ce livre, mais c'est ainsi que les choses sont.

La signification ésotérique des MONUMENTS SUR MARS

"L'Âge de Lumière" s'adresse
à ceux qui n'ont pas peur
d'aller au-delà
des barrières du conformisme
et veulent trouver des informations utiles
pour apporter la lumière et la sagesse
des mondes subtils
jusque dans le monde matériel.

A ma famille,
à Brett,
à mes parents, Elvera S. Frissell
et Charles H. Frissell
et à Joan, Joel et Jenny.
Merci à tous de votre soutien.

Remerciements

Même si la lecture de ce livre montre avec évidence à quel point il dérive du travail et de l'enseignement de Drunvalo Melchizedek, je voudrais offrir à Drunvalo des remerciements tout particuliers. Merci Drunvalo d'être apparu juste au bon moment avec les informations nécessaires et d'avoir été le catalyseur parfait.

Merci à Brett Lilly pour l'enthousiasme, l'inspiration et le soutien. Merci aussi d'avoir su composer avec mes nombreuses modifications tout au long de la rédaction de ce livre.

Merci à Alfred Lee, pour toute l'aide apportée quant aux illustrations. Elle fut grandement appréciée.

Merci à Miranda Grossinger, Spain Rodriguez, Leonard Orr, Seth Bartlett (aka Dhyana Yogi), Doug Hetchem et Will Light.

Merci à toute l'équipe de North Atlantic Books, notamment Kathy Glass, Marianne Dresser, Paula Morrison, Catherine Campaigne, et un remerciement spécial à Richard Grossinger qui a permis la parution de ce livre en croyant à ce projet, en le soutenant et en l'éditant.

Surtout, je voudrais remercier Lois Cheesman qui non seulement a dactylographié et annoté les textes, mais a aussi fait fonction de coauteur, prenant sur ses heures de sommeil et faisant tout son possible pour arriver à réaliser ce livre.

Table des Matières

Préface

En octobre 1992, je ne parvenais plus à y voir clair. Mes systèmes de référence, aussi bien de nature personnelle, relationnelle, spirituelle que cosmique, semblaient soit futiles, soit manquer d'authenticité. Une récente publication du guide ressource nord-californien Common Ground reposait sur le plancher dans une pile de papiers à recycler. Sans réfléchir à ce que je cherchais, je l'ai ramassé puis l'ai ouvert tout comme un jeu de divination. Dans le haut d'une page choisie au hasard, on pouvait lire "East Bay Rebirthing Center" suivi du nom de Bob Frissell.

Je connaissais le rebirth depuis longtemps. J'avais d'ailleurs expérimenté plusieurs rituels et procédés psycho-spirituels semblables au rebirth et cela ne m'attirait pas particulièrement. Pourtant, je décidai à ce moment-là de prendre le téléphone et d'appeler Bob Frissell.

Il demeurait à une vingtaine de rues de chez moi, soit juste en haut du Oakland line de Berkeley. Au téléphone, il n'était pas engageant. Il fixa tout simplement un rendez-vous. Je pris donc note de l'itinéraire à suivre pour m'y rendre.

Je m'y rendis avec des doutes.

Bob me dit presque immédiatement : "L'écart qui se présente entre la façon dont tu as évolué et celle dont tu as manqué d'évoluer s'accroît d'année en année. Il est maintenant presque assez grand pour t'anéantir."

S'ensuivit une démonstration sur les techniques de respiration. Il prit des respirations à vitesses variées suivant différents rythmes. Elles avaient toutes un dénominateur commun : la profondeur. Ces respirations étaient censées constituer des vents praniques, circulant non seulement aux niveaux des poumons et vaisseaux de son corps cellulaire, mais aussi à travers ses corps énergétiques. Ses respirations n'avaient rien de l'hyperventilation comme état de conscience altérée mais elles avaient comme objectif de nettoyer le corps, comme, par exemple à l'époussetage d'une maison qui n'a pas été nettoyée depuis quarante ans. Elles consistaient en des respirations d'abandon, telles une confiance en un moi supérieur et en l'univers même.

Bob voulait que j'imite ses respirations. Il n'avait aucune intention d'entreprendre le travail tant que je n'aurais pas fait mes preuves. C'était incroyablement difficile. Certaines parties de moi-même refusaient de respirer aussi fort malgré l'espoir d'une libération et d'une révélation.

Mes séances avec Bob ne consistaient qu'en ces techniques de respirations. J'avais l'impression d'allumer mon propre pilote et d'en solliciter le feu. Lorsque s'éveilla la flamme, j'en préservai le grondement aussi longtemps que possible, voyageant sur sa transformation d'oxygène (et avec espoir, de prana) vers d'autres royaumes et constellations. C'était un tapis d'énergie flottant, poreux, délicat et généralement très doux. Ça me donnait immanquablement une faim de loup, soit à la fin de la séance ou durant les pauses. Il fallait que je soutire à Bob quelques amandes ou une tranche de pain provenant de la cuisine.

Le voyage respiratoire me ramenait toujours en douceur, tel le parachutage d'un rêve à un autre.

Bob était mon guide, s'abstenant de trop parler. Tout au plus, il me rappelait de respirer adéquatement lorsque ma respiration perdait de sa profondeur. Autrement, il était assis près de moi, les yeux fermés, voyageant dans un univers parallèle. Une lente musique cosmique répétitive (qui me donnait plus l'impression d'un escalier descendant que d'une simple répétition) guidait avec Bob mon parcours. Les stores étaient fermés. Babaji, Jésus et d'autres maîtres me fixaient du regard à partir de leur affiche murale. De leurs regards émanait une telle sagesse qu'il importait peu qu'ils proviennent de répliques d'images défraîchies. Elles projetaient de la lumière. Cette piètre représentation d'illustres personnages savait reconnaître mon moi supérieur. Trois chats se précipitaient de la fenêtre pour s'asseoir sur mes genoux ou se frotter contre ma tête. Ils avaient assisté à des séances de rebirth assez souvent pour savoir quand et comment intervenir. Ils étaient manifestement la version égyptienne des chats californiens.

Dès la fin de la première séance, je remis à Bob un catalogue de nos publications (North Atlantic Books and Frog, Ltd.). Après la troisième ou la quatrième séance, il me demanda comment nous étions parvenus à publier les livres de Richard Hoagland : Monuments of Mars ainsi que d'autres livres concernant la Surface et la Cité sur Mars. En parlant, j'appris qu'il était impliqué dans une tradition ésotérique qui réinterprétait la Surface et la Cité selon d'anciens événements intergalactiques. Il me vint à l'esprit qu'il pourrait écrire un livre sur cette version des mystères martiens. Il finit par me rendre visite. Après le visionnement d'une joute de ballon-panier s'ensuivit celui d'une conférence donnée par Drunvalo Melchizedek.

Je me rendis compte que Bob se situait au point de jonction de deux pratiques : le rebirth de Leonard Orr, enraciné dans les Saints et Yogis de l'Inde, puis la géométrie sacrée et la religion millénaire des Pueblo de Drunvalo Melchizedek se référant à d'obscures branches de théosophie et des liens inexplorés entre des légendes de science-fiction et des vérités symboliques dissimulées sous des contes interplanétaires. Bob demeurait assis, tel un guide silencieux, un être intentionnellement naïf accueillant la sagesse des plus hautes sphères.

Bob appartenait aussi à la lignée de Christian Rosenkreutz, qui fut invité à un mariage alchimique au sein d'une cérémonie dont nous cherchons toujours la signification des siècles plus tard :

"Tout à coup s'éleva une tempête si horrible que je ne pouvais imaginer d'autres forces aussi puissantes ayant pu faire voler en éclats ma modeste maison érigée sur la colline. Voici, c'était une belle et glorieuse Bienfaitrice dont les vêtements portaient les couleurs du ciel, et curieusement (comme au paradis) pailletés d'étoiles dorées. Sa main droite portait une trompette martelée d'or sur laquelle était gravé un nom (que je pouvais lire) mais qu'il m'est à ce jour défendu de révéler." Faisant résonner la colline de sa trompette, elle lui remit une lettre. Frémissant, il l'ouvrit pour y découvrir des mots en lettres d'or sur un fond d'azur :

"Ce jour, ce jour, ce, ce...a lieu Le Mariage Royal"

"Aussitôt que j'eus lu cette lettre, raconte Christian Rosenkreutz, je fus près de l'évanouissement. Mes cheveux se dressaient et une sueur froide dégoulinait sur tout mon corps."

Car c'était le célèbre Mariage, le Mariage entre le métal et l'esprit, entre le temps et l'espace, entre l'alpha et l'oméga, la céromonie. "À moins que vous ne fassiez preuve d'assiduité, Le Mariage ne peut vous sauver de l'innocence".

Précisément trois cents ans plus tard, le mariage alchimique se situe à même l'écologie fragile et meurtrie de la Terre. C'est maintenant qu'a lieu la tempête : déplacement des pôles, réchauffement global, détérioration de la couche d'ozone, faux prophètes. La Bienfaitrice ne porte plus de trompette et ne livre plus le courrier mais elle parle par énigmes à travers les médiums et les walk-ins. La Bienfaitrice sert de mandataire pour les Pléiades, la treizième dimension et les colonies que nous imaginons localisées dans les mondes voisins de Vénus et de Mars.

Leonard Orr dit : "Les Grands Immortels ne se cachent pas de nous, c'est plutôt nous qui les fuyons".

Leonard Orr dit aussi : "La plupart des gens préfèrent la mort physique à la vie éternelle...[Mais] la vie éternelle est très agréable. Tous les immortels que j'ai rencontrés ont bien du plaisir".

À travers ce livre, Bob raconte son histoire dans ses propres paroles. Il ne fait aucune tentative pour transposer des mystères millénaires en des titres de journaux ou en des directives d'efforts personnels. Si son livre s'intitule Rien n'est vrai dans ce livre mais il en est ainsi pour toute chose, cela ne signifie pas que son contenu est fictif mais c'est plutôt dû au fait que sa nature fondamentale est inconnaissable dans le temps et l'espace simples. Il ne fait pas non plus la satire de la canalisation ou de la vision apocalyptique du mouvement Nouvel-Âge (comme certaines critiques l'ont présumé) mais il comprend l'ironie de notre situation, coincés entre l'implacabilité des prophéties du Jugement dernier et l'occasion que nous avons de faire renaître (rebirth) non seulement nos vies mais aussi notre passé historique, notre destin, les êtres aimés, et en fait le cosmos tout entier. L'histoire qu'il nous raconte en est une parmi tant d'autres en plus d'être une version parmi tant d'autres d'une histoire parmi tant d'autres. C'est une histoire que nous vivons tous et c'est aussi une histoire que nous modifions à un tel degré qu'elle devient méconnaissable au moment même où elle est révélée pour ce qu'elle est. Voilà pourquoi rien n'est vrai et pourtant, ce même "rien" correspond certainement à ce que sont les choses. Quiconque ne se rend pas compte du paradoxe fondamental de notre situation s'enferme dans une des prisons mythologiques.

Le Rebirth et la Fleur de Vie ne sont pas des mythologies ; ils sont des actes qui confèrent leurs propres significations. Accompagné de ses voyants félins, Bob est lui-même tous les hommes (toutes les femmes aussi), un guide silencieux de l'esprit vers un voyage que chacun de nous doit entreprendre, une voix nous prévenant des événements terribles qui auront lieu (dans la mesure où nous dépendrons d'une vision des événements terribles qui auront lieu).

Un jour, je me présentai à une séance, apeuré et désespéré. Je racontai à Bob des histoires tristes concernant ma vie privée. J'y donnai un ton de désespoir. Mes mots résonnaient d'ailleurs le désespoir total. Je pris alors une respiration profonde, fixai Babaji et les autres Maîtres du regard, me mis à sourire et ajoutai, "Mais, c'est correct."

Ça n'était pas qu'une simple phrase. Je me sentis à ce moment-là tout à fait pur de cœur et d'intention.

"Voilà, dit Bob, c'est correct dans la mesure où tu le dis. Ta parole doit suffire"

Alors, je laisse aux lecteurs le choix de décider si tout cela est vrai où si rien de cela n'est vrai, parce qu'en définitive, votre parole doit suffire, pour cette vie ainsi que pour toutes les autres vies et univers à venir.

En fait, seule votre parole vous aidera à y parvenir.

Richard Grossinger est l'auteur de "Planet Medecine", "The Night Sky" et "New Moon" puis l'éditeur de North Atlantic Books and Frog, Ltd.

1
Premier Contact

C'était en janvier 1991. Je dirigeais un séminaire d'une semaine de formation en rebirth à Campbell Hot Springs, au centre de Leonard Orr, près de Sierraville, en Californie.

Leonard Orr est l'initiateur du rebirth. J'avais passé la majeure partie de l'année 1980 à m'entraîner avec lui et, de là, étais devenu un rebirther professionnel. En termes simples, le rebirth est un outil de transformation personnelle impliquant l'usage conscient de la respiration et de la pensée. Nous y reviendrons plus tard.

J'ai toujours apprécié le temps passé à Campbell Hot Springs. On y trouve 680 acres de pure sierra sauvage perdus “au milieu de nulle part”. Tout à fait mon genre d'endroit !

De plus, il y avait toujours quelque chose de magique et de spécial dans les séminaires de formation, et cette semaine n'y échappait pas. S'il n'était rien arrivé d'autre, j'aurais déjà été satisfait de mon séjour et j'aurais attendu avec plaisir ma prochaine visite.

C'est alors que je rencontrai Doug.

Le vendredi soir, juste avant la conclusion des activités de la semaine, je jetai un coup d'œil à un livre laissé à la salle à manger, intitulé Space Gate, The Veil Removed (Porte sur l'espace, le voile levé), de Gyeorgos Ceres Hatonn. C'était rempli de révélations fascinantes, effrayantes et incroyables à propos d'OVNI, de dissimulations et de complots. J'avais peu de temps pour le regarder car je devais retourner au séminaire. Devinez à quoi je pensais ce soir-là !

Dès la fin de la session, j'aperçus Doug dans la pièce attenante ; on aurait dit qu'il m'attendait. Je lui parlai de ce que j'avais vu et lui demandai des explications. Nous parlâmes pendant des heures, jusqu'à ce que je sois complètement emballé. Il me donna alors le livre, ainsi qu'un manuscrit de Bill Cooper.

> Bill Cooper a été démobilisé avec les honneurs de la Marine américaine. Il affirme qu'en 1972, il a pris connaissance de deux rapports concernant les contacts entre le gouvernement et des extra-terrestres pendant qu'il occupait le poste de maître de timonerie dans le service de renseignements de l'amiral américain Bernard A. Clarey, alors commandant en chef de l'escadre du Pacifique. Bill a occupé ce poste de 1970 à 1973.
>
> Il affirme que les deux rapports dont il a pris connaissance s'intitulaient : 1) Projet GRUDGE/BLUE BOOK Rapport no. 13 et 2) MAJORITY BRIEFING.
>
> Le rapport Grudge qu'il a vu comportait environ vingt-cinq photographies noir et blanc de "formes de vie extra-terrestre", ainsi que des informations à leur sujet. Le rapport Majority, affirme Bill, ne comportait pas de photographies, mais contenait des renseignements relatifs à l'inquiétude croissante du gouvernement face aux interventions extra-terrestres sur cette planète.[1]

Doug me dit aussi qu'il possédait un certain nombre de vidéocassettes et qu'il voulait bien me les faire voir. Je passai la majeure partie de cette nuit-là à lire, puis une grande partie de la journée suivante à regarder les cassettes.

Voici en résumé ce que j'y appris : il y avait eu énormément d'OVNI en activité vers la fin des années 1940, la plupart dans la région du Nouveau-Mexique. On avait signalé de nombreux incidents de vaisseaux extra-terrestres, qui s'étaient abattus ou écrasés ; le plus célèbre était la récupération d'un OVNI écrasé sur une ferme près de Roswell, au Nouveau-Mexique, ayant à bord de présumés corps extra-terrestres, le 2 juillet 1947.

On avait d'abord annoncé qu'une soucoupe volante avait été repérée. Puis on avait tenté de dissimuler l'affaire en disant qu'il s'agissait des débris d'un ballon météorologique.

Ensuite, l'événement plus important semble avoir eu lieu en 1954, lors d'une prise de contact entre le gouvernement américain et une race d'extra-terrestres qui s'est depuis fait connaître sous le nom de "Gris". De toute évidence, ils avaient atterri à la base Edwards de l'armée de l'air américaine, rencontré le président Eisenhower et signé un traité en bonne et due forme.

Selon Bill Cooper :

> Le traité stipulait que les extra-terrestres n'allaient pas se mêler de nos affaires, et vice-versa. Nous garderions le silence quant à leur présence sur la Terre. Ils nous fourniraient des technologies avancées et participeraient à notre développement technologique. Ils ne signeraient pas de traité avec une autre nation.

Périodiquement, pour des périodes de temps limitées, ils pourraient enlever des êtres humains en vue de procéder à des examens médicaux et d'en observer leur développement, à la condition que les humains ne soient pas maltraités, qu'ils soient ramenés à leur point de départ, qu'ils n'aient aucun souvenir de l'événement, et que la nation extra-terrestre fournisse à MJ-12, à intervalles réguliers, la liste de tous les humains qui auraient été soit contactés, soit enlevés...

Il fut de plus entendu que des bases souterraines seraient construites pour l'usage de la nation extra-terrestre et que deux bases seraient construites pour l'utilisation conjointe de la nation extra-terrestre et du gouvernement américain. C'est dans ces bases conjointes qu'on procéderait à l'échange de technologies.[2]

Peu après, deux faits se dessinèrent clairement : 1) Les Gris avaient ignoré les termes du traité en effectuant beaucoup plus d'enlèvements d'être humains qu'ils ne l'avaient annoncé. De plus, ils pratiquèrent des mutilations sur des êtres humains et des animaux. Ils affirmaient que leur survie en dépendait, puisque leur race était en voie d'extinction et que leur matériel génétique s'était détérioré au point qu'ils n'étaient plus en mesure de se reproduire. Selon eux, ils avaient besoin de notre matériel génétique, sinon ils allaient passer à l'histoire. 2) Nos armes ne pouvaient rivaliser avec les leurs. Par conséquent, il fallait maintenir des relations amicales avec eux, au moins jusqu'à ce que nous ayons un système d'armement apte à les combattre. Naturellement, on mit là-dessus l'étiquette "Ultra-secret" destinée à toutes les agences gouvernementales formées pour enquêter sur le sujet.

Ce qui est mentionné ici n'est qu'un survol rapide. Il y avait beaucoup plus d'informations, toutes aussi étonnantes, comme si sortant tout droit d'un roman de science-fiction.

Ceci "sentait" le livre à sensation. Il aurait été trop facile de le tourner en ridicule, en le traitant de produit d'une imagination trop fertile ou de farce du siècle.

Pour moi, cependant, c'était comme la pièce manquante d'un puzzle. Par intuition, je sentais que c'était vrai. Le rebirth, en treize ans de pratique, m'avait permis de développer un grand sens intuitif. Mon intuition accepta ces informations et je lui fis confiance.

Retour à la réalité

Je rentrai chez moi avec ces renseignements. Je me sentais sur le point d'exploser et ne pouvais attendre pour en faire part à ceux qui voudraient bien m'entendre. J'étais convaincu qu'il s'agissait de l'histoire que tout le monde attendait, que tous y adhéreraient immédiatement. On lèverait le voile sur la dissimulation, mettant à jour la vérité et la justice.

Je pourrais vous ennuyer avec plus de détails, mais je ne le ferai pas. Je pourrais vous dire que ça m'a coûté un client ou deux, et probablement un ami ou deux. Je pourrais vous dire qu'à ma grande surprise, presque personne ne voulait l'entendre. Presque — il se trouva quelques exceptions.

J'apprends vite. Je devins rapidement très prudent quant à la diffusion de ces informations et je commençai même à me poser des questions moi-même.

Je n'ignorais pas que ce qui passe pour être la vérité dans les principaux médias n'est souvent en fait qu'un mince voile servant à déguiser la véritable activité des gouvernements. Mais était-il possible que ce soit allé si loin ? Y avait-il réellement, dans les coulisses, de petits extra-terrestres gris qui nous fournissaient une technologie du genre Star-Trek en échange de l'autorisation d'enlever quelques-uns d'entre nous afin de faire des expériences génétiques sur ces malheureux ? Pouvais-je à ce point faire confiance à mon intuition ou avais-je complètement perdu les pédales ?

En avril 1991, je me rendis à San Francisco, à l'exposition "Whole Life Expo", où j'assistai à une conférence donnée par deux des spécialistes les plus modérés en matière d'OVNI, Stanton Friedman et William Moore. Il étaient d'accord par rapport à l'incident Roswell ; en fait, tous deux avaient effectué des recherches à ce sujet "ad nauseum". Toutefois, Bill Cooper fut décrit, surtout par Moore, comme un personnage bizarre à qui on ne pouvait faire confiance. Étais-je convaincu ? Non. Est-ce que ceci m'apporta de nouveaux doutes ? Oui.

Je pris aussi une vidéo intitulée Hoagland's Mars : The NASA-Cydonia Briefings (La planète Mars de Hoagland : les instructions NASA-Cydonia), qui présentait une captivante étude sur les présumés monuments de la planète Mars. Pourquoi les médias n'en avaient-ils pas parlé ?

Après l'exposition, je fermai pratiquement boutique sur cette affaire. Je n'aboutirais à rien avec toutes ces histoires. J'avais ma vie à vivre et elles me conduisaient rapidement au néant !

Je me joignis cependant à un groupe de gens s'intéressant au même sujet, qui se réunissaient une fois par mois. J'assistai à quelques-unes de leurs rencontres et m'abonnai à leur journal. En juin 1992, je reçus la lettre suivante (Ill. 1–1), m'invitant à la projection d'une vidéocassette (première de cinq) de Drunvalo Melchisedek.

Il semblait s'agir d'une invitation pressante à venir regarder des vidéos pendant vingt-cinq heures (ce qui s'avéra plutôt être trente-deux heures), mais j'acceptai immédiatement car ceci me semblait être le complément parfait de tout ce que j'avais appris en rebirth. Les vidéos faisaient partie d'un atelier de quatre jours intitulé "La Fleur de Vie", donné par Drunvalo Melchizedek. S'agissait-il d'une personne réelle ? Et que pouvait bien vouloir dire ce nom ?

Les informations qui suivirent figurent parmi les plus prenantes, les plus instructives et les plus fascinantes que j'eus jamais reçues. De plus, Drunvalo faisait preuve de présence, de sincérité, d'absence de jugement, de totale intégration de son enseignement — à un point qui dépassait tout ce que j'avais déjà vu.

Je fus tellement impressionné que j'achetai une copie de la vidéo et en fis ma principale source de distraction pendant plusieurs semaines.

Qu'est-ce que Drunvalo avait donc de si étonnant à dire ? Eh bien, tout d'abord, si je pris la décision d'y aller, c'est que la lettre faisait mention de respiration et d'ascension, et je ne fus pas déçu.

Mais comment cela pouvait-il concerner les OVNI et les petits extra-terrestres gris ? Et comment cela pouvait-il être en rapport avec la signification ésotérique des monuments sur Mars ?

Très bonnes questions, restez donc à l'écoute. Mais, d'abord, nous avons à considérer quelques autres petites énigmes.

NOTES

[1]. Linda Moulton Howe, An Alien Harvest : Further Evidence Linking Animal Mutilations And Human Abductions to Alien Life Forms (Littleton, CO : Linda Moulton Howe Productions, 1989).

[2]. Milton William Cooper, The Secret Government : The Origin, Identity, and Purpose of MJ-12, (Huntington Beach, CA : Manuscript copyright 1989).

2

QUE SE PASSE-T-IL ?

Doug m'envoya deux autres vidéos. La première comprenait une série de dossiers produits par la station KLAS de TV Las Vegas, où un certain Bob Lazar déclarait que les Américains travaillaient sur un vaisseau extra-terrestre sur un site d'essai du Nevada, appelé "Area 51". Le vaisseau provenait des Gris.

La seconde vidéo s'intitulait The Pleiadian Connection (La connexion des Pléiades) et relatait l'histoire des contacts de Billy Meier avec un groupe d'êtres venant des Pléiades. Elle contenait un certain nombre de photographies de "vaisseaux à rayon" (beamships) prises par Meier.

Billy Meier était-il vraiment visité par les êtres des Pléiades, ou était-ce seulement sa façon de s'amuser ? Un nombre impressionnant d'éléments portent à croire qu'il est sincère. Cependant, Stanton Friedman et William Moore lui étaient tous les deux tombés dessus, le traitant de "farceur du siècle". Et Bob Lazar, lui ? Dit-il la vérité ? Si ce n'est pas le cas, il a sûrement beaucoup d'imagination. Ou peut-être fait-il partie du groupe d'agents du gouvernement qui s'occupent délibérément de diffuser, ou de ne pas diffuser, des informations en partie fausses ou en partie vraies, dans le but de brouiller les pistes ? Et s'il s'agit de désinformation, que cachent-ils vraiment ?

Ces deux vidéos, associées au matériel de Cooper et de Porte sur l'espace, m'amenèrent à la question incontournable : que se passe-t-il ?

Je pourrais encore ajouter d'autres énigmes. Que penser des "crop circles" (cercles de moisson) ? Les médias voudraient nous faire croire qu'ils sont l'invention de deux farceurs prénommés Doug et Dave. Cependant, d'après Drunvalo, au moment même où Doug et Dave se "confessaient", des cercles de même nature se formaient au Canada. Le vent a dû en être responsable (illustration 2-1).

Selon Colin Andrews, un spécialiste reconnu en "crop circle", il y a actuellement plus d'argent investi dans la préparation d'un prochain documentaire télévisé visant à "prouver" que Doug et Dave ont fabriqué cette histoire que les chercheurs n'en ont eu à leur disposition tout au long des onze années qu'a duré leur étude. Pourquoi ?

Et que penser des monuments sur Mars et de l'interprétation qu'en donne Richard Hoagland ? Pourquoi les médias n'ont-ils pas abordé ce sujet ? Et que penser de la NASA et de son comportement bizarre dans ce domaine ?

Que tout cela soit vrai ou faux importe peu. En lui-même, le fait que toutes ces informations nous tombent dessus indique clairement que, pour une quelconque raison, nous sommes maintenant passés à une nouvelle et étrange époque.

Les prophéties faites régulièrement par plusieurs individus en ce qui concerne les transformations de la Terre sont un autre indicateur de ces temps exceptionnels. Gordon-Michael Scallion, entre autres, nous a prédit un avenir des plus troublants. Selon Scallion, nous serons appelés à vivre des tremblements de terre, des éruptions volcaniques, des inondations, des ouragans, etc., comme jamais auparavant... et bientôt — entre maintenant et la fin du siècle. Scallion n'est pas le seul. Il y a belle lurette que Nostradamus, Edgar Cayce et les indiens Hopi nous ont dit la même chose.

Il est évident qu'il se passe actuellement quelque chose d'anormal sur la planète Terre, qu'il s'agisse de l'événement réel ou de ce qu'il masque. En tant que civilisation, nous avons accumulé une certaine quantité d'informations depuis l'époque de Sumer, il y a 6 000 ans, jusqu'à nos jours. Entre 1900 et 1950 environ, nous avons doublé cette quantité d'informations. Puis, nous l'avons encore doublée entre 1950 environ et 1970, et de nouveau entre 1970 et 1980. Les informations augmentent maintenant à une vitesse telle que la NASA accuse environ huit années de retard pour l'entrée de données dans ses ordinateurs, ne serait-ce que pour pouvoir les utiliser. Nous sommes tellement loin de nous rattraper nous-mêmes que nous avons déjà abordé une nouvelle page d'histoire, tout en prétendant que tout est comme avant. Que non. Mais continuez à lire.

3

POURQUOI CELA SE PASSE-T-IL MAINTENANT ?

Pourquoi tout cela se produit-il maintenant ? Pourquoi pas il y a 10 000 ans ou dans 10 000 ans ? Cela se passe maintenant parce que nous arrivons à la fin d'un cycle et que nous atteignons un maximum à toutes sortes de niveaux. Pour expliquer ceci, je dois devancer légèrement mon histoire et diriger les projecteurs sur Drunvalo.

Melchisédech affirme qu'il existe deux mouvements critiques pour notre planète. Le premier, familier depuis des millénaires, est la précession des équinoxes. Le second est une oscillation qui a été détectée assez récemment. Nous, c'est-à-dire le système solaire en entier, bougeons dans l'espace en décrivant une spirale d'une manière qui semble indiquer que nous sommes attachés à quelque chose. Les astronomes qui ont remarqué ce phénomène ont commencé à chercher cet autre corps. Les calculs les ont menés d'abord à une certaine région d'une constellation particulière, puis à un groupe d'étoiles. Il y a quatre ou cinq ans, une étoile spécifique a été identifiée : Sirius A. Nous nous déplaçons dans l'espace avec Sirius A en décrivant une spirale identique au plan héliaque d'une molécule ADN. Notre destinée est liée à Sirius. Au fur et à mesure que nous effectuons ensemble ce mouvement, une conscience se déploie d'une manière très similaire à la façon dont les gènes et les chromosomes de la molécule d'ADN déroulent leur message depuis des plans très spécifiques. Il existe des moments clés où certains événements peuvent se produire, où des alignements "génétiques" décisifs se produisent entre Sirius, la Terre et le reste du cosmos. Un de ces alignements est maintenant en train de se produire.

Regardons maintenant la précession des équinoxes (Ill. 3-1). L'axe de la Terre est incliné à 23,5 degrés. Pendant que la Terre tourne autour du soleil, l'axe demeure incliné, ce qui donne les saisons. Mais comme l'axe lui-même tourne, il se produit un changement d'axe à mesure qu'il se déplace. L'axe avance d'environ un degré tous les soixante-douze ans. Tous les 2 160 ans, il passe ainsi dans une nouvelle constellation et, au bout de 25 920 ans, il a fait un tour complet.

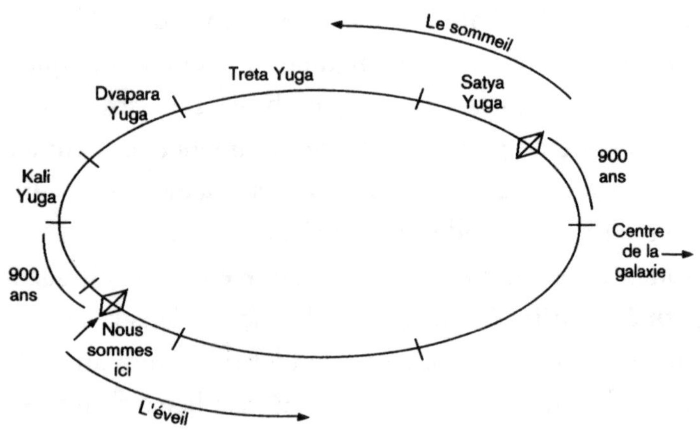

3-1 La précession des équinoxes

Sur une période de 25 920 années, la pointe du pôle nord trace une ellipse. A un point de cette ellipse, on est le plus près du centre de la galaxie ; à un autre, on est le plus loin. Ce dont plusieurs peuples anciens se sont aperçus, notamment les Tibétains et les Hindous, c'est que lorsque nous nous éloignons du centre de la galaxie, nous nous endormons et, lorsque nous tournons le coin, nous commençons à nous réveiller.

Ces sages anciens ont divisé l'ellipse créée par la précession des équinoxes en segments appelés yugas. La plupart des informations concernant les yugas ont été rassemblées depuis les 2 000 dernières années, une période connue sous le nom de Kali Yuga. Par hasard, il s'agit du point le plus "endormi" de toute l'ellipse, de telle sorte que presque tout ce qui a été écrit sur le cycle cosmique durant les 2 000 dernières années a été interprété par des individus endormis, qui tentaient d'aller chercher des extraits de textes anciens qu'ils ne comprenaient même pas. Ils ont ensuite modifié ces textes de sorte que personne ne puisse en prendre connaissance. En d'autres mots, on ne peut donner foi à la plupart de ces informations.

Les anciens ont découvert deux points opposés distants de 900 ans, où nous nous endormons et où nous nous réveillons. Ces points sont tous deux liés à de formidables changements — changements de conscience chez les individus et changements de pôles sur les planètes.

Nous sommes maintenant juste au point tournant, au début du mouvement de retour vers le centre de la galaxie et du début de l'éveil. A 180 degrés à l'opposé de la dernière bascule, la prochaine est imminente. Voilà pourquoi nous atteignons le seuil critique en ce qui concerne le surpeuplement et l'environnement, entre autres.

Selon Thoth, que je vous présenterai plus loin, le degré de bascule des pôles sur la Terre est directement lié au niveau de conscience sur la Terre et au niveau de conscience qu'elle atteindra. Ceci signifie qu'il y a une relation mathématique entre la conscience et le degré de bascule des pôles. Une autre façon de voir ce phénomène est de considérer que notre assoupissement cosmique et notre éveil ultérieur présentent une analogie avec le cycle du jour et de la nuit, pendant lequel la Terre effectue en vingt-quatre heures une rotation complète sur ses axes. Pour la plupart, pendant la nuit, les créatures de l'hémisphère qui est dans l'obscurité sont endormies et, pendant le jour, la plupart sont éveillées. Il en va de même pour le cycle de la précession des équinoxes. Durant la partie de ce cycle pendant laquelle la planète est endormie, l'aspect masculin prend le dessus pour nous protéger. C'est toujours l'aspect féminin qui nous guide à nouveau vers la lumière. Selon Drunvalo, cet événement s'est déjà produit. Une femme a pris la relève autour du mois de février 1989.

Malgré une grande peur face à une prochaine bascule des pôles — certains groupes se construisent des abris et emmagasinent de la nourriture, par crainte que les continents (notamment la Californie) ne soient engloutis, Drunvalo ne croit pas que ceci se produise cette fois ; il s'agira peut-être d'une randonnée un peu plus calme. En 1972, un événement a changé le cours des choses. Nous y reviendrons.

L'endroit où nous sommes par rapport à la précession des équinoxes nous explique pourquoi tout ceci se passe maintenant. Entre 1998 et autour de l'an 2 000, nous aurons fort probablement vécu la plupart de ces événements. Fort probablement... mais Dieu a tous les pouvoirs. Selon Drunvalo, nous devons aussi prendre conscience du fait que ce qui se produira sera déterminé par les pensées et les émotions des habitants de la planète. Si nous changeons notre degré de conscience, nous pouvons modifier le scénario à partir duquel se déroule le drame, sans nous soucier d'aucune prophétie.

Nous créons notre réalité. Nous sommes en train de créer, à chaque instant, une nouvelle réalité collective. Nos pensées, nos émotions et nos actions ont beaucoup plus de pouvoir que nous ne pourrions l'imaginer. Pour la plupart, nous en sommes très peu ou pas du tout responsables. Ceci est en train de changer, en train de changer tellement vite que de nouvelles possibilités, dont nous n'aurions même pas osé rêver, sont en train de se manifester.

Bascule des pôles

Si ce qu'affirme Thoth est exact, les bascules des pôles sont liées à notre modèle d'évolution. Ils sont interreliés. La dernière était d'importance majeure et directement liée à la connaissance. Ce ne fut pas une bascule positive ; ce fut une bascule négative, nous sommes "tombés" dans la connaissance.

Jusqu'à très récemment, aux environs de 1950, on croyait que les bascules des poles ne se produisaient jamais, ou que si elles se produisaient, c'était une fois tous les milliards d'années, et plus jamais. Mais les pôles basculent en fait tous les 12 500 à 13 000 ans ou, en d'autres mots, chaque fois que nous atteignons ces points particuliers de la précession des équinoxes. Le phénomène se produit donc régulièrement. Les scientifiques découvrent maintenant qu'il y a eu effectivement, au cours de l'histoire de notre planète, plusieurs bascules des pôles.

Non seulement il y eu régulièrement des bascules de pôles, mais ceux-ci se sont même déjà inversés, passant du nord au sud et vice-versa. Les calottes polaires ont déjà été à l'équateur. Vous pouvez trouver des coquillages marins pratiquement partout sur la planète : au sommet des Montagnes Rocheuses et même au lac Titicaca, qui a déjà été immergé complètement et qui se trouve maintenant à 3 600 mètres au-dessus du niveau de la mer. La plupart de ces informations ont été tirées d'analyses faites par des scientifiques, à partir d'échantillons carottés dans le fond sous-marin, allant de 15 centimètres à 300 mètres de long, qui permettent de faire la lecture des sédiments comme on fait celle des anneaux des arbres.

Les bascules de pôles sont impressionnantes. D'après les méthodes de datation au carbone 14 et ionique, tout porte à croire qu'il y a environ 12 000 ans, le pôle Nord s'est déplacé de la Baie d'Hudson, soit 60 degrés de latitude nord et 83 degrés de longitude ouest, jusqu'à sa localisation actuelle, dans l'océan Arctique.

Actuellement, nous sommes physiquement sur la ligne séparant les constellations de la Vierge et du Lion. Lorsque nous observons le firmament, nous nous voyons passer de l'ère des Poissons à celle du Verseau mais physiquement, nous passons de la Vierge au Lion. Ceci explique pourquoi le Sphinx est à la fois vierge et lion, les symboles des signes Vierge et Lion.

John White fournit des données considérables à ce sujet dans son livre Pole Shift (Bascule des pôles). Au nord de la Sibérie, il y a des traces d'hommes, de bisons et d'arbres, tous déchiquetés et déchirés avec une force incroyable et ensuite gelés complètement de façon instantanée. Les bisons avaient de la nourriture tropicale dans leur estomac au moment de leur congélation. Il est à noter que lorsqu'il y a une baisse de température, il se forme plus de deux cents sortes différentes de glace au cours du processus de congélation. Ces vestiges sont enfouis si profondément sous la structure de glace que cette nourriture est encore comestible de nos jours, 12 500 ans plus tard. Les bascules de pôles surviennent très rapidement. En fait, il leur faut environ vingt heures pour s'effectuer entièrement.

Il existe différentes hypothèses quant à la raison de ces bascules de pôles. Par exemple, l'expansion et le glissement des calottes glaciaires peut déséquilibrer la Terre, tout comme un gyroscope. Une théorie plus moderne, dérivée des travaux du physicien suédois Hannes Alfvenis, porte le nom de magnéto-hydrodynamique ou MHD. Cette théorie suggère que sous la croûte terrestre solide, il y a une couche semi-solide. Cette couche agit par moments comme un corps solide et maintient la croûte terrestre en place et, à d'autres moments, notamment lors de variations subites du champ magnétique terrestre, elle agit comme un corps liquide, permettant à la croûte terrestre de changer de position.[2] Ce phénomème a été reproduit en laboratoire.

Personne ne sait vraiment ce qui provoque la bascule des pôles. Une fois celle-ci déclenchée, la surface de la Terre se déplace à une vitesse d'environ 3 000 kilomètres à l'heure et les vents atteignent pratiquement une vitesse de 1 500 kilomètres à l'heure. De toute évidence, ceci est suffisant pour dévaster à peu près tout ce qui existe à la surface. Il n'est pas étonnant que nous souhaitions, cette fois, être capables de passer à travers avec un peu plus de contrôle.

Si important que cette bascule des pôles puisse être, un changement de conscience lui sera associé. C'est-à-dire que nous effectuerons un déplacement en même temps. Plus le changement de conscience sera considérable, plus nous aurons d'influence sur la bascule des pôles. Notre tâche consiste alors à devenir suffisamment conscients pour contrôler la façon dont les pôles vont se déplacer, de telle sorte que ce soit agréable plutôt qu'effrayant.

En tant que technicien en rebirth, je tiens à dire qu'une bascule des pôles est comparable à une naissance. Si une femme est inquiète, l'accouchement est difficile et douloureux. Si elle est détendue et sans peur, l'accouchement se fait en douceur. La naissance peut et devrait être facile. D'une façon ou d'une autre, tout est toujours fonction de la conscience.

Vous trouverez peut-être ces informations terrifiantes. Ne craignez rien. A un niveau plus profond, vous savez déjà qu'il n'y a aucun problème. Habituellement, lorsque survient une bascule des pôles, on prévoit qu'il y aura beaucoup d'appelés et peu d'élus. Cependant, en fin de compte, tous sont sauvés. Quelques personnes parviennent d'emblée à la conscience christique et les autres descendent d'un niveau ou deux (ce qui leur paraît harmonieux). Sur une longue période de temps, probablement des centaines de milliers d'années, les quelques personnes qui y sont parvenues entraînent le reste de la planète et, pour finir, tous atteindront la conscience christique. Mais ici, maintenant, sur la planète Terre, quelque chose d'autre est en train de se produire. Je vais vous l'expliquer dans les chapitres suivants.

Notes

[1]. John White, Pole Shift (Virginia Beach, VA : A.R.E. Press 1980).

[2]. John White, Pole Shift.

4

Les problèmes de la planète Terre

Lorsqu'arrive le moment où la conscience doit effectuer un déplacement important, il se produit un processus simultané de mort et de naissance menant au déplacement actuel. La planète Terre est actuellement confrontée à de sérieux problèmes, beaucoup plus graves que ne le laissent entendre nos gouvernements. Aux environs de 1989, les autorités en place ont commencé à diffuser des informations cruciales, mais seulement par bribes. Si un seul de ces problèmes devait atteindre son point critique, toute vie sur la planète serait sérieusement menacée. Et tous les problèmes sont tous sur le point d'atteindre ce point critique.

Par exemple, vers 1980, Jacques Cousteau déclara que les mers et océans de la Terre étaient en train de mourir. Au début, personne ne le prit au sérieux, mais dès 1990, 85 % de la vie de la mer Méditerranée avait disparu. L'océan Atlantique n'est pas loin derrière. L'océan Pacifique se comporte un peu mieux parce que c'est un plus grand plan d'eau.

Si les océans meurent, il en ira de même pour le plancton et le phytoplancton. Ces derniers ne représentent pas seulement la pierre angulaire de la chaîne alimentaire, mais constituent aussi une importante source d'oxygène pour la planète.

La destruction de la couche d'ozone de la Terre constitue un autre problème, car cela permet le passage d'une quantité toujours plus grande de rayons solaires ultra-violets qui sont mortels. Selon le directeur du Programme des Nations-Unies pour l'Environnement, il s'agit d'un des plus graves dangers auxquels l'humanité a pu être exposée.[1]

La couche d'ozone terrestre se détruit à une échelle exceptionnelle et sans précédent. Elle se détériore beaucoup plus rapidement et sur des surfaces beaucoup plus grandes que celles prévues. De décembre 1991 à février 1992, de 10 à 20 % de la couche d'ozone au-dessus dc l'Europe a été détruite, un sommet jamais atteint auparavant.[2] Joe Farman, le scientifique britannique à qui l'on doit la découverte du trou dans la couche d'ozone au-dessus de l'Antarctique en 1985, a déclaré que les pertes saisonnières d'ozone au-dessus de l'Amérique du Nord pourraient aller de 20 à 30 % d'ici l'an 2000.[3]

Le problème va continuer de s'aggraver pendant les deux prochaines décennies à cause des émissions passées de gaz qui n'ont pas encore atteint la couche supérieure de l'atmosphère. D'ici dix à vingt ans, il n'y aura peut-être même plus de couche d'ozone du tout. Et nous ne pouvons vivre sans elle.

Il ne s'agit là que de deux éléments parmi les nombreux problèmes environnementaux auxquels nous devons faire face. Ils sont tellement nombreux à l'heure actuelle qu'on pourrait se croire à bord d'un bateau en train de faire naufrage. Un aspect particulier de la planète Terre, cet aspect à trois dimensions que nous appelons notre vie quotidienne, ne pourra pas rester intact encore bien longtemps.

Selon Drunvalo, si vous deviez revenir sur la planète d'ici seulement quelques années, vous la trouveriez morte à un niveau tridimensionnel. Mais il y aurait encore de la vie sur la Terre ; nous allons tous passer à une longueur d'onde supérieure, jusqu'à un endroit déjà préparé pour nous, un endroit magnifique où il n'y a pas de problèmes. Nous allons nous déplacer sur une longueur d'onde légèrement plus courte et à un taux vibratoire de l'énergie plus élevé. La Bible fait référence à cet état comme étant le Ciel. En fait, nous allons passer de la troisième à la quatrième dimension.

D'après Drunvalo, les extra-terrestres viennent régulièrement visiter une planète comme la nôtre. Mais la loi universelle leur interdit d'interférer avec nous. C'est pourquoi ils se placent à une harmonique plus élevée que celle de la planète, de telle sorte qu'ils nous sont invisibles. Mais, de ce niveau, ils peuvent très bien nous surveiller. En fait, la prochaine harmonique supérieure de la planète est actuellement tellement saturée de véhicules remplis d'occupants curieux que des visiteurs arrivés plus récemment ont dû se placer sur la deuxième harmonique plus élevée, qui est déjà presque saturée à son tour. Notre situation est unique et ne ressemble à rien de tout ce que cet univers a connu. Il y a même des êtres venus de lointaines galaxies qui sont ici expressément pour nous surveiller. En temps normal, ils ne se préoccuperaient absolument pas de nous. La plupart des extra-terrestres qui sont ici n'occupent pas seulement un corps de lumière, mais ils sont d'une nature telle que leur véhicule et leur corps sont une seule et même chose.

NOTES

[1]. "Ozone, Making a Killing : How Workers And The Planet Are Disregarded... at Du Pont" ; publié par Greenpeace, 1436 U. Street, N.W., Washington, D.C. 20009, avril 1992.

[2]. Ozone levels found to be lowest on record, The Independent, London, United Kingdom, April 8, 1992.

[3]. Joe Farman, European Ozone Research Coordinating Unit, United Kingdom Department of Environmental Press Conference, October 15, 1991.

5

Dimensions

Tous les niveaux dimensionnels de ce monde sont présents ici et maintenant, reliés entre eux. Ce qui diffère entre les mondes dimensionnels, c'est leur longueur d'onde. La longueur d'onde est l'élément clé de l'univers tout entier. Nous vivons dans une réalité créée entièrement par la longueur d'onde. La longueur d'onde de notre monde tridimensionnel est de 7,23 centimètres.

Les dimensions sont séparées entre elles par la longueur d'onde, exactement de la même manière que les notes dans la gamme. Chaque note de la gamme porte un son différent à cause de sa longueur d'onde. Chaque octave d'un piano est composé de huit touches blanches et de cinq touches noires, offrant au musicien la gamme chromatique. La treizième note est en fait la première note de l'octave suivant, et ces octaves continuent de se reproduire à tous les niveaux. Entre chaque note et la suivante se trouvent douze points d'harmonie et d'holographie ; en termes dimensionnels, il s'agit d'harmoniques. C'est la même chose que de changer de canal sur un téléviseur. Lorsque vous changez de canal, vous le branchez sur différentes longueurs d'ondes.

Il existe un vide entre les dimensions tout comme il existe un vide entre deux notes. Il y a un vide plus grand, disons une grande muraille, entre les octaves. Si vous pouviez changer votre longueur d'onde et faire une rotation de 90 degrés, vous pourriez disparaître de ce monde et réapparaître dans la dimension correspondant à votre tonalité. Les images que vos yeux vous transmettent se modifieraient selon la longueur d'onde du monde où vous seriez entré. Cette planète contient plusieurs mondes différents ; tous sont ici présents, mais notre conscience est harmonisée sur une longueur d'ondes particulière. En même temps, nous existons littéralement à tous les niveaux dimensionnels et notre expérience est totalement différente sur chaque niveau.

Par exemple, si nous devions monter d'un niveau, ce que nous sommes en train de faire, nous découvririons que tout ce que nous pensons, dès que nous le pensons, se manifeste instantanément, tandis qu'ici, dans la troisième dimension, il y a un espace de temps. Même si nos pensées créent infailliblement notre réalité ici aussi, il est évident que leur matérialisation n'est pas instantanée.

La clé pour comprendre le processus de déplacement d'une dimension à l'autre commence par la localisation d'un champ électromagnétique ayant la forme d'une étoile tétraédrique. Ce champ entoure le corps humain.

Le merkaba

Une étoile tétraédrique est composée de deux tétraèdres imbriqués l'un dans l'autre d'une manière semblable à l'Étoile de David, mais en trois dimensions (Ill. 5-1). Les deux tétraèdres imbriqués représentent l'énergie masculine et féminine en parfait équilibre. Le tétraèdre pointant vers le haut est masculin et celui pointant vers le bas est féminin. Il y a une étoile tétraédrique autour de tout ce qui existe, pas seulement autour de nos corps.

Il existe aussi un tunnel qui passe à travers le corps. Il relie les apex du champ tétraédrique. La respiration à l'intérieur de ce tunnel, associée au mouvement de rotation de ces champs, crée un véhicule d'ascension appelé Merkaba.

Nous avons un corps physique, un corps mental et un corps émotionnel, et ils ont tous la forme de l'étoile tétraédrique. Il s'agit de trois champs identiques superposés les uns aux autres, la seule différence entre eux étant que seul le corps physique est bloqué — il ne pivote pas. Le merkaba

Dimensions

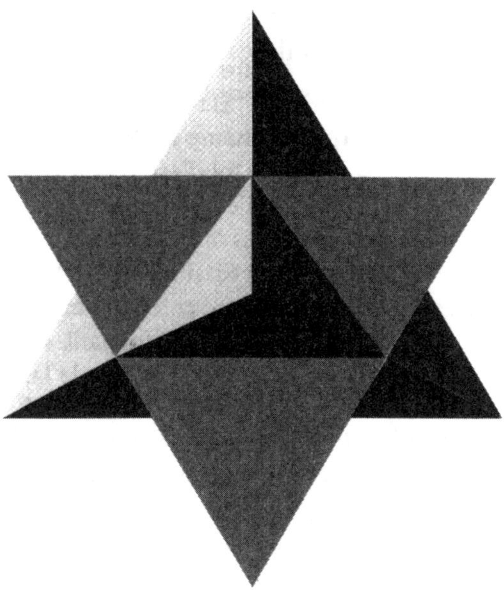

5-1 Une étoile tétraédrique

est créé par des champs d'énergie pivotant en sens inverse. L'étoile tétraédrique mentale, de nature électrique et masculine, tourne vers la gauche. L'étoile tétraédrique émotionnelle, de nature magnétique et féminine, tourne vers la droite. C'est le fait de relier l'esprit, le cœur et le corps physique dans un rapport géométrique précis, à une vitesse critique, qui produit le merkaba.

Le mot "Mer" signifie champs de lumière pivotant en sens inverse, "Ka" signifie esprit et "Ba" signifie corps ou réalité. Donc, le Mer-Ka-Ba est un champ de lumière pivotant en sens inverse qui enveloppe à la fois l'esprit et le corps, et c'est un véhicule — un véhicule d'espace-temps. C'est la figure à travers laquelle toutes choses ont été créées, un ensemble géométrique de dessins entourant nos corps. Ce dessin a pour point de départ la base de notre colonne vertébrale, aussi minuscule que les huit cellules à partir desquelles notre corps physique s'est initialement formé. De là, il s'étend jusqu'à un diamètre total d'une quinzaine de mètres.

Rappelons que les champs de lumière à rotation inversée du merkaba comportent un véhicule spatio-temporel. A partir du moment où vous savez actionner ces champs, vous pouvez utiliser votre merkaba pour voyager dans l'univers.

Pour la plupart des peuples terrestres, le merkaba ne fonctionne pas. Drunvalo affirme qu'il y a environ 2 000 personnes sur cette planète dont le merkaba fonctionne et environ 8 000 maîtres "ascensionnés" qui se situent sur un autre niveau de conscience de la Terre.

Les Melchisédechs

Même si vous arriviez à vous déplacer avec le merkaba vers d'autres niveaux dimensionnels, si votre conscience n'est pas assez développée pour manipuler les taux de vibration plus élevés, vous ne pourriez y rester. Certains êtres, cependant, sont parvenus à se déplacer dans toutes les dimensions et à rester conscients.

En apprenant à rester en équilibre et dans un état de conscience à travers les 144 niveaux dimensionnels (les douze dimensions et les douze harmoniques qui leur sont reliées), ils parviennent à franchir la grande muraille qui mène à l'octave suivant. Ils passent de l'autre côté et en voient la grande scène, en prenant conscience que toute la création se répète à l'infini.

A ce point, ils doivent faire un choix — aller au-delà de la création pour retourner à la source, ou rester ici. S'ils restent, ils sont appelés Melchisédech. La vie se sert d'eux pour régler des problèmes interdimensionnels.

Il y a actuellement environ dix millions de Melchisédechs, dont cinq sur la planète Terre.

6

Notre histoire

Afin de pouvoir comprendre ce qui nous arrive maintenant et ce qui se passera dans le futur, il est essentiel de connaître notre passé. Les plantes, par exemple, utilisent une structure mathématique décrite par la séquence de Fibonacci, afin de déterminer comment se passera chaque étape de leur croissance. Une plante revient sur ce qu'elle vient de faire, s'affirme là où elle est maintenant et sait alors où elle va. Elle ajoute le nombre de feuilles qui viennent de pousser au nombre de feuilles déjà en place pour savoir combien de feuilles elle devra ensuite faire pousser. Elle dit par exemple : “je viens tout juste de faire pousser une feuille et j'en ai déjà une, je vais donc en faire pousser deux”. Lorsqu'elle passe à deux feuilles, elle dit : “j'étais à une seule feuille et je viens d'en faire pousser deux autres, alors maintenant j'en suis à trois”, et ainsi de suite. Elle doit retourner en arrière pour savoir ce qu'elle vient de combiner avec ce qu'elle possède maintenant afin de connaître la suite. Il en va ainsi de la structure organique.

En tant qu'êtres humains, nous devons connaître notre histoire, car nous devons savoir comment nous en sommes arrivés à la conjoncture actuelle afin de pouvoir en sortir. Nous croyons que notre histoire a débuté en 3 800 av. J.-C à

Sumer et qu'il n'existait rien auparavant sauf des barbares poilus. Nous croyons que l'homme est la créature la plus extraordinaire qui ait existé de tout temps sur cette planète. En vérité, selon Drunvalo, il a déjà existé des civilisations tellement anciennes que cela dépasse notre imagination. Les civilisations sur cette Terre remontent à 500 millions d'années. La planète est une parcelle d'étoile sur laquelle des formes de vie extérieure sont venues se greffer de partout, se sont combinées les unes aux autres, ont généré de nouvelles formes de vie et sont ensuite reparties. Chacune des formes de vie créées a traversé cinq niveaux de conscience. Nous sommes actuellement sur le second niveau de cette échelle.

Pratiquement tous les vestiges des grandes civilisations anciennes ont été sortis de leur contexte ou tenus dans l'ignorance. Par exemple, nous savons peu de choses de notre lien avec l'étoile Sirius, alors que celui-ci est essentiel à la compréhension de notre condition actuelle. Le livre de Robert Temple, intitulé The Sirius Mystery (Le mystère de Sirius), [1] présente ce qui suit : il existe près de Tombouctou, en Afrique, une tribu appelée les Dogons. Depuis plus de 700 ans, cette tribu possède des informations qu'elle ne serait pas supposée avoir — des informations que nos hommes de science ont obtenus seulement ces vingt dernières années.

Les Dogons connaissent l'étoile Sirius en détail. Sirius est l'étoile la plus brillante dans notre firmament, située à la gauche et en ligne droite avec la ceinture d'Orion. Les Dogons ont dit qu'il y avait une autre étoile minuscule qui tournait autour de Sirius et qui était faite de la matière la plus lourde de l'univers. Cette étoile accomplissait un tour complet en cinquante ans. Il s'agissait d'une très vieille étoile. Comme les scientifiques ne pouvaient apercevoir cette étoile au téléscope, les ethnographes crurent qu'elle faisait seulement partie de la mythologie des Dogons. En 1970, on réussit à prendre une photographie d'une petite étoile naine tournant autour de Sirius. Six centimètres carrés de cette matière pèseraient environ 900 kg. L'orbite complète de cette étoile est évaluée à 50,1 années. Cette étoile a été nommée Sirius B et l'étoile originale Sirius rebaptisée Sirius A.

Lorsqu'un groupe de scientifiques se rendit chez les Dogons pour essayer de trouver comment ils avaient eu cette connaissance, les anciens ont raconté qu'une soucoupe volante a atterri chez eux. Des êtres en sont sortis, ont creusé un grand trou dans la terre et l'ont rempli d'eau. Les occupants, qui ressemblaient à des dauphins, ont alors sauté dans le lac qu'ils avaient creusé, puis sont venus sur la berge et ont parlé au peuple Dogon. Ils leur ont dit qu'ils étaient de Sirius et leur ont fait de nombreux récits concernant cette étoile.

Les Dogons possédaient d'autres informations encore plus incroyables. Ils pouvaient visualiser de la Terre le mouvement de Sirius A et de Sirius B entre les années 1912 et 1990, aboutissant à la vision précise de l'endroit où ces étoiles se trouveraient à l'heure actuelle. Ils possédaient de plus une profusion de renseignements sur les planètes de notre système solaire, y compris sur diverses lunes. Comment pouvaient-ils connaître ou imaginer cela si précisément ?

L'information suivante concerne le Sphinx. Les égyptologues affirment que le Sphinx a été construit vers 2

500 av. J.-C. par le pharaon Képhren. Dans son livre daté de 1961, intitulé Le roi de la théocratie pharaonique, le mathématicien, philosophe et orientaliste R. A. Schwaller de Lubicz, affirme :

> "Nous devons admettre qu'une grande civilisation a précédé les énormes déplacements d'eau qui ont submergé l'Égypte ; c'est ce qu'implique la présence du Sphinx sculpté dans la pierre sur les falaises situées du côté ouest, à Gizeh, ce Sphinx dont tout le corps de lion, à l'exception de la tête, montre des traces indiscutables d'érosion marine."[2]

Un égyptologue du nom de John Anthony West décida, après avoir lu le livre de Schwaller de Lubicz en 1972, de faire des recherches sur les marques d'érosion du Sphinx. Il découvrit que cette désagrégation est exceptionnelle, allant jusqu'à 3,50 mètres de profondeur à l'arrière. Il fit venir un géologue américain, Robert Schoch, qui l'étudia d'un point de vue géologique et découvrit qu'il ne s'agissait pas de l'œuvre du vent et du sable, mais d'un écoulement d'eau. Il calcula qu'il aurait fallu un minimum de 1 000 ans de pluies torrentielles s'écoulant sans arrêt sur le Sphinx pour arriver à sculpter ces érosions. La géologie s'oppose maintenant directement à l'archéologie. Comme on estime que le désert du Sahara existe depuis 7 000 à 9 000 ans, cela signifie que le Sphinx est âgé d'au moins 8 000 à 10 000 ans.

Les archéologues égyptiens n'ont rien à dire à ce sujet. On doit se rendre à l'évidence accablante qu'il s'agit de la vérité, mais ceci risque de démolir tous nos concepts concernant les habitants de cette planète, alors qu'on a toujours cru qu'il n'y avait personne sur cette planète capable d'ériger une statue aussi colossale que le Sphinx il y a 8 000 ou 10 000 ans. Selon Thoth, le Sphinx est la preuve de l'existence d'une civilisation sur cette planète depuis 5,5 millions d'années. Il s'est produit un événement il y a 5,5 millions d'années, qui a détruit les archives akashiques de la mémoire de la Terre. Même Thoth ne se souvient plus de ce que c'était et ne sait pas comment avoir accès aux archives plus anciennes.

La civilisation de Sumer semble survenir du jour au lendemain, sans évolution. De même pour l'Égypte. Les écritures égyptiennes apparurent un jour sous leur forme la plus sophistiquée et se détériorèrent ensuite. Toutes les anciennes civilisations — Sumer, Babylone, l'Égypte, etc. — se sont développées rapidement et ont ensuite immédiatement décliné. Parmi les ruines de certaines villes de Sumer, les archéologues ont trouvé des tablettes représentant le système solaire, énumérant les planètes dans le bon ordre. L'une d'entre elles donne même la distance entre les planètes.[3] Comment pouvait-on avoir cette connaissance ? On y trouve aussi des renseignements détaillés sur la précession des équinoxes. Il a été calculé que la seule façon de découvrir la précession des équinoxes est l'observation, et que la période minimale d'observation aurait dû être de 2 160 ans. Comment les Sumériens pouvaient-ils posséder ces informations puisque, selon nos croyances, il n'existait aucune civilisation avancée 2 160 ans avant eux ?

Nos créateurs

Je vais maintenant faire un saut en arrière d'environ 400 000 ans de notre histoire. Je vais présenter ici des information venant à la fois de Thoth et de Zecharia Sitchin, en particulier des livres de Sitchin intitulés The 12th Planet (La douzième planète)[4] et Genesis Revisited (La Genèse revisitée).[5] Sitchin croit qu'il existe une autre planète dans notre système solaire, appelée "Sumerian Nibiru", qui possède une orbite elliptique semblable à celle d'une comète. Cette planète met 3 600 ans pour effectuer un cycle complet autour du soleil. Ses habitants, appelés les Nephilim, sont venus sur la Terre il y a 400 000 ans ; Thoth ne dit pas pourquoi. En fait, il n'a jamais mentionné les Nephilim. Il a seulement dit à Drunvalo qu'à cette époque, il y avait des géants sur la Terre (les Nephilim mesuraient de 1,80 à 2,40 m). Sitchin affirme qu'ils sont venus parce qu'ils avaient besoin d'or pour leur atmosphère. Voici ce qu'il écrit dans La Genèse revisitée :

> Sur leur planète Nibiru, les Anunnaki/Nephilim étaient confrontés à une situation à laquelle nous aurons peut-être aussi à faire face sur la Terre : la détérioration de l'environ-nement rendait la vie de plus en plus impossible. Ils avaient besoin de protéger leur atmosphère qui dépérissait, et la seule solution semblait être de suspendre des paillettes d'or au-dessus, comme un bouclier.[6]

Ils sont donc venus ici pour exploiter l'or. Après environ 200 000 ans de travaux forcés, les mineurs se révoltèrent et décidèrent de créer une race servile — qui est la nôtre — capable d'exploiter l'or pour eux. Il est à noter qu'en Afrique du Sud, dans les plus vieilles mines d'or connues, les archéologues ont trouvé des ossements appartenant à l'Homo sapiens et des artefacts datant d'au moins 50 000 à 100 000 ans. Sitchin soutient que les Nefilim nous ont créés il y a environ 300 000 ans, mais Thoth est très précis à ce sujet. Thoth affirme que nous avons été créés il y a exactement 200 209 ans (à partir de 1994).

Selon la théorie de Sitchin, les Nephilim nous ont créés à partir de manipulations génétiques mais, selon Thoth, ils ne pouvaient faire seuls ces expériences. Ils ont dû avoir de l'aide de l'extérieur du système solaire. Cette aide extérieure est venue d'une source familière. Les Siriens se sont joints aux Nephilim pour nous créer. Ils amerrirent d'abord dans l'océan et émergèrent sous une forme mi-homme, mi-poisson. Ils allèrent d'abord sous l'eau afin de prendre contact avec les dauphins qui étaient sur le même niveau de conscience qu'eux. Ils durent raconter ce qu'ils voulaient faire et obtenir la permission de le faire. Selon les archives de Sumer, les Nephilim allèrent d'abord en Irak du Sud pour y construire des cités. Ils se rendirent ensuite en Afrique du Sud pour y exploiter de l'or.

Les archives de Sumer sont composées de tablettes d'argile rondes, venant des anciennes villes de Sumer, villes qui sont citées dans la Bible. Ces archives, découvertes au siècle dernier seulement, constituent la source d'informations la plus ancienne sur la planète. Sitchin est un individu qui a la capacité d'interpréter ces archives.

Donc, d'après Thoth, il y avait des géants qui étaient devenus notre mère. Sept d'entre eux abandonnèrent leur corps et formèrent une sphère de conscience. Ils fusionnèrent dans le germe de vie et créèrent un ovule. Lorsque sept créatures se lient ensemble selon un certain motif géométrique pour créer le germe de vie, il surgit une flamme de 1,20 mètre de haut, d'un blanc bleuté. Ce germe a l'apparence d'une flamme, mais il est frais. Il fut ensuite conservé dans les "Salles d'Amenti."

Les "Salles d'Amenti" constituent un lieu très ancien, construit il y a plus de 5,5 millions d'années. Personne ne connaît leur âge exact ni l'identité de celui qui les a construites, à cause de cet événement qui a détruit les archives akashiques de la planète. N'oubliez pas — même si l'histoire de notre planète remonte à 500 millions d'années, nous avons seulement accès aux années les plus récentes.

Les "Salles d'Amenti" sont en fait une courbure dimensionnelle de l'espace semblable à une matrice. Il y a une seule entrée, mais une fois dedans, c'est comme un espace infini. Une telle courbure se trouve toujours à une harmonique plus élevée que celle du niveau vibratoire de la Terre. Elle est habituellement située à 700 000 kilomètres dans l'espace mais, à l'ère de l'Atlantide, elle reposait sur la surface de la Terre. Elle est maintenant à 1 600 kilomètres à l'intérieur de la Terre. Drunvalo a eu accès à la première salle, où se dresse une pyramide. A l'intérieur de la pyramide est creusée une salle de proportions divines, taillée dans la pierre. Au milieu de cette salle se trouve un cube, sur lequel brille la flamme.

La préparation simultanée pour cette création ou trans-insémination fut effectuée sur Sirius B ou, plus précisément, sur la troisième planète à partir de Sirius B. Seize mâles et seize femelles qui constituaient là-bas une unité familiale partirent de Sirius B en direction de la Terre et se rendirent directement à la flamme située dans les "Salles d'Amenti". Ils s'allongèrent et s'unirent à la flamme. La période de conception sur place fut de 2 000 ans. Ces deux races différentes — l'une de Nibiru et l'autre de Sirius — participèrent à notre création.

Thoth affirme qu'à l'origine, on nous installa sur une île au large de la côte sud-ouest de l'Afrique, appelée Gondawanaland. Il dit qu'on nous y installa d'abord pour nous empêcher de fuir. Nous y restâmes 50 000 à 70 000 ans. On nous emmena ensuite en Afrique du Sud. Il est intéressant de noter que les récits africains sur la création s'accordent tous pour dire qu'ils sont issus d'une île au large de la côte sud-ouest de l'Afrique, appelée Gondawanaland.

Selon l'interprétation que fait Sitchin des textes de Sumer dans son livre La douzième planète, après que les Nephilim nous eurent créés pour travailler dans les mines d'or en Afrique, quelques-uns d'entre nous furent emmenés dans les jardins d'E. DIN. Les "dieux" nous aimaient parce qu'après tout, nous étions créés à leur image. Mais dans le jardin d'E. DIN, où se trouvaient les vergers des Nephilim, il nous fut défendu de manger du fruit d'un certain arbre — appelé l'arbre de la connaissance. Nous désobéîmes. Le fait de manger de ce fruit et d'acquérir ses "connaissances" fut capital, car il nous permit de nous reproduire sexuellement. Jusqu'à ce moment, nous étions des hybrides, résultat du croisement de deux espèces différentes, et comme tous les hybrides, nous étions incapables de nous reproduire. Sitchin interprète les textes de Sumer en disant que nous sommes le résultat du croisement entre les Nephilim et l'Homo erectus, le prédécesseur de l'Homo sapiens. C'est par Thoth que nous avons des informations supplémentaires quant au rôle joué par les êtres venus de Sirius.

Les Nephilim ne voulaient pas que nous nous reproduisions, ce qui n'est pas étonnant. Ils voulaient ainsi garder le contrôle de leur propre expérimentation. La connaissance acquise en mangeant du fruit défendu n'était pas scientifique en tant que telle — c'était la connaissance du processus de procréation, à savoir comment nous transformer, d'hybrides stériles, en une nouvelle espèce capable de se reproduire. Les Nephilim, courroucés par notre capacité de reproduction, nous chassèrent du jardin. Selon les érudits de textes anciens, les archives de Sumer précèdent celles de la Bible et les récits bibliques de la création ne seraient qu'un résumé des textes de Sumer, qui sont plus anciens.[7]

Même si nous dûmes quitter leur jardin, les Nephilim nous permirent de cultiver notre nourriture. Nous nous déplaçâmes vers une région montagneuse située à l'est des jardins de Mésopotamie. Selon Thoth, nous restâmes longtemps à cet endroit. Mais il se produisit une importante bascule de conscience et une autre bascule des pôles, et Gondawanaland fut submergée. Plusieurs survivants se rendirent en Afrique, mais les plus évolués allèrent en Lémurie, une terre qui émergea au-dessus des eaux alors que l'autre continent était englouti.

LÉMURIE

Le continent de Lémurie exista pendant une période de 60 000 à 70 000 ans. Durant cette époque, la conscience de la planète devint de façon prédominante de type intuitif et féminin. Les Lémuriens avaient développé une technologie que nous n'avons pas encore commencé à comprendre — par exemple, des baguettes radiesthésiques qui ne fonctionnent que lorsque l'esprit et le cœur sont reliés.

Il y a environ 80 000 ans en Lémurie, ou environ 1 000 ans avant que le continent ne fût englouti — et il s'enfonçait très lentement depuis le tout début — vivait en cet endroit un couple dénommé Ay et Tyia. Au cours de leur existence, Ay et Tyia étaient devenus des êtres physiquement immortels et ils mirent sur pied une école pour enseigner l'immortalité et l'ascension : l'école du mystère Naacal (Naacal Mystery School). L'ascension est une méthode qui consiste à se déplacer consciemment d'un monde à un autre, en emportant son corps avec soi. Elle diffère de la résurrection, qui consiste à se déplacer consciemment d'un monde à un autre en mourant et en reconstituant son corps de lumière de l'autre côté. Durant son existence, l'école forma environ 1 000 maîtres immortels, jusqu'au moment où la Lémurie se mit à s'enfoncer dans les eaux. Le peuple de Lémurie, extrêmement intuitif, savait que la terre était en train de s'engloutir ; ils étaient bien préparés pour ces événements et il y eut probablement très peu de victimes. Au fur et à mesure que le continent devenait inhabitable, presque tous les habitants de Lémurie se déplacèrent soit vers une région située aussi loin au sud que le lac Titicaca au Pérou, soit aussi loin au nord que le mont Shasta en Californie.

Atlantide

Au moment de la submersion de la Lémurie, les pôles basculèrent et la masse de terre de l'Atlantide fit surface. Le millier ou presque de maîtres immortels de l'école du mystère Naacal de Lémurie allèrent en Atlantide, plus précisément sur une de ses dix îles, appelée Undal. Lorsqu'ils atteignirent Undal, la première chose qu'ils entreprirent fut de construire un mur juste au milieu de l'île, du nord au sud. Ce mur, d'une hauteur d'environ douze mètres et d'une largeur de six mètres, isolait complètement les deux côtés de telle sorte qu'il était impossible de passer de l'un à l'autre.

Ils érigèrent ensuite un autre mur plus petit, allant de l'est à l'ouest, divisant ainsi l'île en quatre quarts. Cette structure est une réplique du cerveau humain, qui est divisé en deux hémisphères séparés au milieu par un corps calleux. L'hémisphère gauche, du côté masculin, est le siège de la logique. L'hémisphère droit, du côté féminin, est le siège de l'apprentissage ou de l'intuition. Mais la partie masculine a aussi un aspect féminin, ou intuitif, qui lui est relié, de même que la partie féminine possède aussi un aspect masculin, ou logique. Il s'agit des quatre quarts du cerveau humain.

Lorsque les maîtres immortels en eurent terminé avec la division de leur île, la moitié d'entre eux s'en alla d'un côté et l'autre moitié de l'autre côté. Les maîtres du côté gauche devinrent des penseurs logiques, tandis que ceux du côté droit devinrent des penseurs intuitifs. Ils menèrent l'expérience jusqu'au point où l'île devint vivante. Ils projetèrent alors sur l'île principale les dix motifs de l'Arbre de Vie, de telle sorte que des tourbillons d'énergie commencèrent à tournoyer autour de ces dix points et à rappeler les Lémuriens en Atlantide. Chaque individu était attiré par le vortex qui était particulièrement relié à sa vraie nature. Les Lémuriens qui s'étaient établis du lac Titicaca au mont Shasta sentirent le besoin d'émigrer en Atlantide, sans savoir pourquoi. Ils étaient ramenés à cet endroit par le vortex d'énergie créé par les maîtres immortels.

Malheureusement, le schéma d'évolution de la Lémurie était structuré de telle façon que les Lémuriens avaient seulement développé les propriétés de huit des dix vortex reliés à l'Arbre de Vie. Les Lémuriens émigrèrent vers huit de ces dix lieux, qui devinrent des cités importantes, mais les deux vortex restants demeurèrent inoccupés. C'est là qu'un grave problème prit sa source.

Les deux vortex d'énergie qui étaient vides finirent par attirer deux races d'extra-terrestres ; ceux-ci vinrent se joindre à notre conscience humaine et furent intégrés à notre schéma d'évolution. La première race d'extra-terrestres était appelée les Hébreux, dont l'origine était inconnue, et qui ne causait pas de problème. En fait, ils nous aidèrent de plusieurs manières en nous apportant des informations avancées que nous ne possédions pas encore. C'est plutôt la deuxième race extra-terrestre qui fut attirée qui nous causa problème. Précisément, cette race venait de Mars — pas la planète Mars que nous connaissons actuellement ou qui existait alors, mais celle d'il y a environ un million d'années. En ces temps-là, Mars était une planète magnifique, entièrement vivante, non pas éteinte comme elle l'est devenue. Mais les habitants de Mars souffraient de, et en fait leur planète fut détruite des effets de la rébellion "luciférienne" provoquée par le même type de mal dont nous allions être atteints pour finir. Mais le problème sur Mars ne fut pas créé par Lucifer lui-même — plutôt par une entité du même type. J'appellerai ce problème général "la rébellion luciférienne", même si Lucifer lui-même ne fut impliqué que dans le plus récent bouleversement.

La rébellion luciférienne

Lucifer était un des anges les plus fabuleux créés par Dieu. Il n'avait qu'un défaut, cependant, il se croyait aussi bon que Dieu. Lucifer connaissait le schéma de création, le merkaba, mais il était originellement prévu de faire fonctionner celui-ci intérieurement. Pour le faire fonctionner intérieurement, il fallait que le corps émotionnel soit intact, de même que le corps mental, ce qui assurait la protection. Lucifer fit un pas de plus. Il osa l'exposer et le créa à l'extérieur. En se séparant lui-même de Dieu, la source, il ne pouvait pas le faire intérieurement. Au début cependant, avant de subir les conséquences, il se dit : "Ce n'est pas une grosse affaire. Lui il le fait à l'intérieur, moi je le ferai à l'extérieur. C'est toujours le même vieux merkaba." C'est comme si on déclarait que la bombe hydrogène est comparable à l'amour parce qu'elle est lumineuse et chaude. Extérioriser le merkaba était des millions de fois plus grave.

Ces expériences allant à l'encontre de Dieu avaient été tentées à trois reprises déjà avant celle qui affecta notre planète, et elles avaient abouti à un chaos total. La dernière rébellion luciférienne se produisit il y a 200 000 ans et, en ces temps-là, environ le tiers des anges vint se joindre à lui.

Il y a environ un million d'années, la race vivant sur Mars était presque éteinte à cause d'une précédente rébellion luciférienne (la troisième). Les merkabas dont les habitants de Mars avaient perdu la maîtrise étaient en train de détruire la planète. Lorsque vous créez un merkaba de façon interne, en utilisant l'amour ou votre corps émotionnel, il se transforme en un champ vivant autour de votre corps, mais lorsque vous le créez à l'extérieur, vous n'avez pas besoin d'amour — vous n'avez qu'à utiliser la pensée calculatrice. En fin de compte, vous vous retrouvez avec un être qui ne possède qu'un cerveau gauche, qui ne possède pas de corps émotionnel et ne comprend rien à l'amour. Les Gris en sont le meilleur exemple (les Gris sont les descendants des Martiens et l'une des races extra-terrestres visitant actuellement la Terre). Une autre conséquence de la création externe du merkaba est que l'acte en lui-même est générateur de dualité. Comment pourrait-il en être autrement, puisqu'il génère la dualité afin d'exprimer les émotions et de les transformer en technologie ? Une fois que tout baigne dans la dualité et tourne, il devient de plus en plus difficile d'entrevoir l'esprit d'unité qui habite toute chose. Nous voyons alors le bien et le mal et, même si le Un est encore présent dans un monde créé à l'extérieur, il est incroyablement difficile de le discerner.

Lorsque les Martiens vinrent en Atlantide, ils importèrent avec eux les conséquences de la rébellion luciférienne, et c'est cet acte qui entraîna le déclin de la Terre. Le problème était que Mars possédait une culture entièrement vouée au cerveau gauche ; les Martiens savaient et comprenaient tout d'une manière intellectuelle, mais ils n'avaient aucun sentiment : plus précisément, ils ne ressentaient pas d'amour. Ils n'avaient aucune raison de se préoccuper de personne d'autre qu'eux-mêmes. En conséquence, ils étaient toujours en train de se battre, et ils détruisirent leur atmosphère tout comme nous sommes en train de le faire ici. Comme Mars était en voie de destruction, un petit groupe de Martiens, près d'un millier, construisirent des structures dans la région que nous en sommes venus à appeler Cydonia — l'énorme figure humanoïde et les monuments photographiés sur Mars par le vaisseau "Viking" en 1976. Ces monuments représentent avec des détails mathématiques raffinés, à plusieurs niveaux, la forme d'une étoile tétraédrique, inscrite dans une sphère, et ils racontent aussi comment les Martiens arrivèrent à créer leur propre malheureux merkaba externe. Ils avaient perdu la capacité de créer un merkaba interne depuis si longtemps qu'ils n'en connaissaient plus rien. Après tout, ce genre de véhicule requiert un corps émotionnel. Chose certaine, ils savaient comment créer un merkaba externe et c'est tout ce qu'ils firent. Ils embarquèrent dedans et partirent, croyant qu'il s'agissait là du seul choix possible.

Grâce à la création de cet élégant véhicule externe d'espace-temps, les Martiens purent voyager dans le temps, découvrir et décider de l'endroit et du moment parfait de leur arrivée. Ils virent, projeté loin dans leur futur — il y environ 65 000 ans — cet endroit de la planète Terre, en Atlantide, tellement parfait, qui les attendait. C'est là qu'ils se dirigèrent. Ils s'interposèrent contre notre gré et tentèrent immédiatement de prendre le pouvoir, mais ils étaient trop peu nombreux et ils échouèrent. Ils décidèrent alors de tenter d'essayer notre voie féminine, même s'ils ne la comprenaient ou ne l'acceptaient pas. Mais ils firent de gros efforts. Ils l'essayèrent, en fait, pendant 50 000 ans, mais toujours de manière chaotique. Leur influence sur nous était si grande que, graduellement, notre conscience commença à passer de l'aspect féminin à l'aspect masculin. La transmutation ne fut pas complète, mais nous fûmes passablement dénaturés.

Lorsque les Martiens s'interposèrent dans notre schéma évolutif en Atlantide, nous étions l'équivalent d'une jeune fille de treize ou quatorze ans et ils étaient l'équivalent d'un homme de soixante-cinq ans. Ils s'interposèrent dans notre schéma évolutif contre notre volonté et, en quelque sorte, nous violèrent. Comme je l'ai dit, ils auraient pris le pouvoir s'ils avaient pu, mais ils n'étaient pas assez nombreux et ils durent se contenter de suivre notre programme ingénu au moins pour un temps.

Même s'il y avait toujours des conflits, tout alla plutôt rondement jusqu'à il y a environ 16 000 ans. En ce temps-là, une comète vint heurter la Terre à l'endroit où se trouve aujourd'hui Charlestown, en Caroline du Sud. Des vestiges de cette pierre fondue s'éparpillèrent sur une région équivalent à la surface de quatre états, causant des impacts énormes. Les gens de l'Atlantide étaient extrêmement évolués à cette époque, ainsi ils savaient que cette comète était en route vers la Terre. En fait, ils possédaient la technologie pouvant la faire exploser dans l'espace. Les Martiens plaidèrent en faveur de l'utilisation des machines pour détruire l'intrus mais, même s'ils exerçaient une grande influence sur nous, notre aspect féminin était encore assez fort pour que nous refusions. A la base, l'aspect intuitif disait : "Non, ne la détruisez pas dans l'espace : c'est Dieu et il arrivera ce qui arrivera, alors laissez les choses se faire". Les Atlantes observèrent la chute de la comète et, devinez... la plupart des dommages eurent lieu dans la région où demeuraient les Martiens. En fait la plus grande partie de cette région fut engloutie. Pour les Martiens qui restaient, ce fut le coup de grâce.

Les adeptes du merkaba externe décidèrent à partir de ce moment-là qu'ils ne se laisseraient plus mener par nous et feraient les choses à leur manière. Ils organisèrent alors une expérience luciférienne comparable à celle qu'ils avaient menée un million d'années auparavant sur Mars, qui avait eu pour conséquence un merkaba externe. Ils n'avaient toujours ni le corps émotionnel requis ni l'amour indispensable à la création des champs à rotation inverse en tant qu'entité vivante, car ils n'avaient rien fait pour développer cet aspect d'eux-mêmes sur la Terre. Ils avaient, ou du moins croyaient avoir, la capacité de réinventer le merkaba de façon externe. En essayant ainsi de le créer, ils intensifièrent la pathologie de la rébellion luciférienne sur la Terre et, de plus, échouèrent de façon lamentable. L'expérience se révéla bientôt incontrôlable et commença à ouvrir des brèches dans les niveaux dimensionnels, avec pour conséquence que des esprits indésirables — des esprits destinés à d'autres mondes dimensionnels — vinrent par millions. Ceci fit sauter le couvercle ; le monde devint tout simplement fou.

Imaginez des milliers d'entités télékinétiques se chevauchant en hurlant, terrifiées, quasiment folles, qui ne traversaient pas seulement l'atmosphère mais aussi la pensée, le corps et l'esprit des habitants ! Ce n'était pas beau à voir.

Les maîtres ascensionnés apportèrent beaucoup d'aide en colmatant la majeure partie de la brèche dimensionnelle, mais comme ils se trouvaient déjà en présence de millions d'êtres désincarnés, chaque Atlante en arriva à héberger entre vingt et cent esprits. Les choses s'aggravèrent davantage en Atlantide qu'ici à l'heure actuelle, même si nous approchons rapidement de ce point. Et ces esprits sont encore ici. Chaque individu sur cette planète en héberge au moins deux dans son corps.

Cette expérience manquée se produisit il y a environ 16 000 ans et, pour les 4 000 ans qui suivirent, les choses allèrent en empirant. Les maîtres ascensionnés, qui représentent notre aspect le plus élevé ainsi que le degré de conscience le plus élevé jamais atteint sur cette planète, observèrent de leurs habitats les dixièmes, onzièmes et douzièmes harmoniques de la sixième dimension et demandèrent de l'aide par la prière. Ils ne pouvaient pas se contenter de se débarrasser des Martiens ou de détruire les esprits désincarnés ; les maîtres ascensionnés n'agissent pas ainsi, car ce n'est pas le chemin de la vie. Donc, ils espéraient trouver de l'aide et priaient pour que l'issue finale soit une situation où il n'y aurait ni vainqueur, ni vaincu.

Dans les aspects les plus élevés de la vie, il y a la conscience de l'Un et, dans la conscience de l'Un, il n'y a aucune dualité, aucune illusion. Il est tout à fait évident que l'esprit de l'Un vit dans toutes choses et, puisque l'esprit de l'Un se meut dans toutes choses, alors toutes choses font partie du tout. Voilà exactement pourquoi les maîtres ascensionnés ne pouvaient pas se contenter de faire disparaître les Martiens. Notre philosophie chirurgicale moderne d'excision — ouvrir et extraire ce qui ne va pas — ne concerne pas la vraie vie. En supprimant les Martiens ou en les chassant, une perte pour personne se serait finalement transformée en une perte pour tous.

Un grand nombre de consuls intergalactiques furent impliqués dans les délibérations qui suivirent. Ils retournèrent dans le passé lointain et purent ainsi voir que quelque chose avait déjà été fait auparavant, et avait effectivement réussi. Ceci nécessitait de lancer par synthèse la conscience christique planétaire. Il s'agissait non seulement de lui permettre de se produire de façon naturelle, mais de lancer de façon synthétique le processus de création de la grille de conscience christique sur la planète, avec pour résultat final une guérison universelle.

Lorsque la conscience atteint un certain niveau, tous les problèmes se résolvent d'eux-mêmes. La conscience christique est la conscience de l'Un. Si cela était possible, tous y gagneraient.

Il y a cinq niveaux de conscience reliés à la planète Terre. Ils sont directement reliés au nombre de chromosomes contenus dans notre constitution génétique. Chaque niveau est aussi structuré par ordre de grandeur. Le premier niveau de conscience possède quarante-deux chromosomes plus deux, ce qui est en harmonie avec la conscience de l'Un. A ce point, la conscience collective fonctionne de telle manière que si une personne vit une expérience, il est possible pour n'importe quelle autre personne d'avoir accès à cette mémoire et de revivre l'événement. C'est l'époque du rêve (avant l'arrivée de l'homme sur la Terre) pour les Aborigènes d'Australie. L'ordre de grandeur associé à ce niveau de conscience est de un mètre à un mètre cinquante environ.

Nous sommes actuellement au deuxième niveau de conscience. Désormais, nous ne possédons plus cette conscience de l'Un ; nous sommes coupés et séparés. Le second niveau de conscience possède quarante-quatre chromosomes plus deux, et l'ordre de grandeur approximatif est de un mètre cinquante à un mètre quatre-vingts.

Au troisième niveau de conscience, qui est la conscience christique, il y a quarante-six chromosomes plus deux. L'ordre de grandeur est de trois mètres à quatre mètres quatre-vingts. Ici, nous possédons à nouveau la mémoire de l'Un, mais au troisième niveau, sa forme est élevée au rang de manifestation instantanée : il ne s'agit plus d'un temps de rêve mais plutôt d'un temps réel. Lorsque vous avez un souvenir, il est réel. Il ne s'agit pas seulement de votre mémoire mais de la mémoire de tous les êtres de conscience christique ayant déjà vécu. Au troisième niveau, il n'y a véritablement qu'une seule conscience se mouvant à travers toutes choses ; la mémoire en est la clé. C'est là que se trouve toute la question de l'immortalité. L'immortalité, ce n'est pas vivre dans un corps pour toujours, car il existe toujours des niveaux plus élevés où aller. La clé, c'est de ne pas avoir une interruption de la conscience pendant que vous voyagez à travers les différents niveaux, de ne pas avoir de trous de mémoire, de pouvoir partir au moment désiré et de continuer à vous souvenir de l'endroit où vous êtes allé.

Le quatrième niveau de conscience possède quarante-huit chromosomes plus deux et un ordre de grandeur d'une dizaine de mètres. Le cinquième niveau a cinquante chromosomes plus deux et un ordre de grandeur de quinze à dix-huit mètres. Le quatrième niveau est disharmonieux, comme le deuxième, mais c'est une étape nécessaire pour atteindre le cinquième et plus haut niveau qui puisse être atteint sur cette planète.

Thoth

Thoth est un homme historique ascensionné il y a 52 000 ans. Il fut le roi des Atlantes pendant 16 000 ans et, à cette époque, il se dénommait Chiquetet Arlich Vomalites. Il demeura sur la Terre dans le même corps jusqu'au 4 mai 1991. Il aurait pu partir avant — plusieurs maîtres ascensionnés l'ont fait — mais il faisait partie d'un petit groupe qui avait décidé de rester. Sachant sans l'ombre d'un doute que toutes choses sont interreliées et qu'il n'y a qu'un seul esprit, l'Un, se mouvant à travers toutes choses, Thoth préféra rester ici en tant que maître.

Il partit effectivement pour une période d'environ 2 000 ans et parcourut diverses planètes. Il arrivait sur une planète et s'y installait pour une centaine d'années environ, observant les habitants et apprenant leur façon d'agir. Ensuite, il repartait sur une autre planète, puis revenait ici. Il souhaitait rester parmi nous sur terre jusqu'à ce que nous ayons atteint un certain niveau de conscience. Nous avons maintenant atteint ce niveau et c'est pourquoi Thoth a quitté cette planète le 4 mai 1991.

Il est évident que ce qui s'est passé avant, pendant et après la guerre du Golfe était le point culminant de quelque chose.

Pour la première fois en 16 000 ans sur la planète, la lumière est plus puissante que les ténèbres. Même si nous ne le voyons pas encore, les pouvoirs sont renversés et les lois se sont renversées d'elles-mêmes. Actuellement, lorsque le négatif résiste à la lumière, car ceci traduit sa véritable nature, plutôt que d'assombrir la lumière, il lui donne plus de pouvoir et nous prenons de plus en plus de force. Alors, tenez bon !

L'acte le plus notoire accompli par Thoth fut d'introduire l'écriture sur la Terre. En Égypte, on l'appelait "le scribe", car c'est lui qui a mis par écrit toute l'histoire ancienne. C'est pourquoi Drunvalo lui a été envoyé. La majeure partie des informations que détient Drunvalo en ce qui concerne notre histoire et nous-mêmes lui vient de Thoth. Thoth a souvent tenu à souligner qu'il n'était pas toujours d'une exactitude parfaite, mais sa version des faits est certainement très proche de ce qui s'est réellement passé. La première rencontre de Drunvalo avec Thoth eut lieu en 1972. Il étudiait l'alchimie — c'est-à-dire la façon de transformer le mercure ou le plomb en or — non pas dans le but de devenir riche, mais pour observer les réactions chimiques. Toutes les réactions chimiques ont des parallèles quelque part dans la vie, à un niveau ou un autre. Par la compréhension de la chimie et du processus d'unification des atomes dans la formation des molécules, et en observant comment ces molécules se regroupent, il est possible de comprendre dans les moindres détails comment se font les opérations de plus grande envergure. La véritable alchimie concerne tout d'abord la compréhension du processus du passage entre le niveau de conscience actuel et celui de la conscience christique.

Drunvalo étudiait ce système avec un maître. Un jour, ils étaient en train de méditer les yeux ouverts. Au bout d'une heure, le maître de Drunvalo disparut de la pièce. En deux ou trois minutes, un corps complètement différent prit forme juste devant Drunvalo. Cet individu était de petite taille, environ un mètre soixante, et paraissait avoir environ soixante-dix ans. Il avait l'apparence d'un ancien Égyptien et portait des vêtements très simples. Drunvalo se rappelle tout particulièrement son regard, qui rappelait celui d'un bébé, très doux et dénué de tout jugement.

Il dit à Drunvalo qu'il y avait trois atomes manquants dans l'univers, et il voulait que Drunvalo les trouve. Drunvalo vécut une expérience, dont il ne parle pas, qui lui en révéla le sens. Thoth se prosterna, remercia et disparut. Quelques minutes après, le maître alchimiste revint. Il ignorait tout de cela ; en fait, il croyait avoir été là tout ce temps.

Drunvalo ne savait pas à ce moment que celui qui lui était apparu était Thoth, et il ne le revit pas avant le 1er novembre 1984. A ce moment-là, ils commencèrent à communiquer de façon régulière pendant plusieurs mois.

De toute manière, pour en revenir à notre histoire, Thoth, ainsi que Ra et Araaragot, qui étaient aussi d'anciens rois de l'Atlantide, obtinrent le plan de la grille de la conscience christique et s'en allèrent en Égypte. Ils choisirent l'Égypte (appelée Khem à cette époque) parce que la flamme contenant l'ovule de notre conscience collective avait une pointe d'axe émergeant à cet endroit. Un jour, la grille reliée à ce point mûrirait en une conscience christique. Ils percèrent un trou directement dans l'axe, qui traverse la

Terre, jusqu'à l'ovule de notre conscience. On trouve une extrémité de cet axe en Égypte et l'autre de l'autre côté de la Terre, à Moorea, une petite île située près de Tahiti. Thoth affirme qu'un vortex, ou spirale, se trouve à chaque extrémité de l'axe et que, si l'on pouvait voir la forme de son ombre sur le sol, elle ressemblerait à une spirale logarithmique (Ill. 6-1). Ils construisirent alors trois pyramides à partir de cette spirale.

A l'origine, les pyramides avaient pour but de nous faire passer du second niveau (où nous sommes actuellement) jusqu'au troisième niveau, ou niveau de conscience christique.

Il s'agissait d'un instrument d'initiation planétaire spécifiquement élaboré pour amener un individu de quarante-quatre chromosomes plus deux dans la conscience christique et le stabiliser.

Selon Thoth, les pyramides furent construites à l'aide de la pensée et du cœur, manifestées par la mémoire du quatrième niveau dimensionnel. Elles furent édifiées en trois jours, de haut en bas. Ils relièrent la toute première conscience de notre schéma évolutif à la spirale logarithmique. En dessous des pyramides, en profondeur, ils érigèrent une petite cité templière où vivaient environ 10 000 personnes et qui, soit dit en passant, est toujours là.

Toute espèce vivant sur cette planète possède une grille qui lui est reliée. Même si cette espèce n'existe qu'en un seul petit endroit de la Terre, sa grille s'étend autour de toute la planète. Ces grilles s'étendent sur une moyenne de dix-huit mètres de l'intérieur de la Terre à environ une centaine de kilomètres au-dessus de la Terre. Si vous pouviez les voir superposées les unes aux autres, ceci ressemblerait à une légère brume de couleur blanc-bleutée qui se détache de la Terre. Les baleines représentent la forme de vie la plus intelligente, la plus évoluée et la plus ancienne sur la Terre. Viennent ensuite les dauphins, puis les humains. Nous croyons que nous sommes les plus évolués, mais les baleines et les dauphins nous devancent, et de loin. Nous croyons que nous sommes les plus évolués parce que nous pouvons créer des choses extérieures. Ceci, toutefois, est une conséquence de la rébellion luciférienne venant de Mars.

Les formes de vie les plus évoluées ne créent pas les choses à l'extérieur. Elles créent à l'intérieur tout ce dont elles ont besoin.

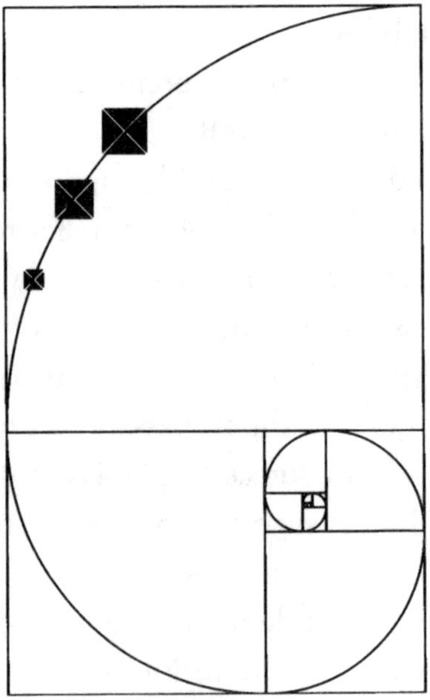

6-1 La spirale logarithmique du plateau de Gizeh

Les baleines habitent cette planète, de façon consciente et vivante, depuis 500 millions d'années. Elles conservent la mémoire de la planète. C'est ce dont parlait le film Star Trek IV. Sans les baleines, nous n'aurions pas de mémoire, nous serions perdus.

Les dauphins sont de la partie depuis au moins 35 millions d'années. Ils sont même sortis de leur milieu marin, ont marché sur la terre ferme pour un temps et sont revenus à leur première nature. Les nageoires des dauphins ont à l'intérieur des mains, des mains humaines. Ces créatures ressemblent étonnamment aux êtres humains. Ce sont des mammifères, et non des poissons, et leurs deux hémisphères cérébraux fonctionnent à 100 %. Lorsqu'ils dorment, ils mettent la moitié de leur cerveau en arrêt. Nous n'avons, en permanence, que la moitié de notre cerveau qui fonctionne ; l'autre moitié est endormie. De la moitié qui fonctionne, nous n'utilisons qu'environ 5 à 10 %. Donc, du point de vue des dauphins, nous ne sommes pas seulement endormis, nous sommes de plus inconscients.

Il existe trois grilles autour de la planète pour la conscience humaine. La première est de quarante-deux plus deux ; celle où nous sommes maintenant est de quarante-quatre plus deux ; et, depuis le 4 février 1989, il y a aussi la troisième grille, qui est celle de quarante-six plus deux de la conscience christique.

Voici donc ce que préparaient Thoth, Ra et Araaragot. Ils commençaient à faire de la géomancie sur la surface de la Terre afin de créer de façon synthétique la grille de conscience christique, ce qui nous donnerait en retour le véhicule nous permettant d'atteindre le niveau de conscience suivant. Ce trio fit donc un trou aligné directement avec l'axe invisible de notre ovule de conscience. Ils disposèrent ensuite trois pyramides, ce qui représentait un projet majeur de géomancie. Ultérieurement, ils installèrent 83 000 sites sacrés à travers toute la planète. Ceux-ci furent entièrement créés au quatrième niveau dimensionnel ; alors ne signez aucun contrat pour des visites guidées avec les agences de voyage publiées dans les annuaires du Nouvel Age. Ensuite, sur une période de 13 000 ans, ils prirent des humains de toutes races et de tous milieux pour ériger soit les églises requises à tel endroit, soit des pyramides requises en tel lieu, pour établir un modèle opérationnel à chacun de ces sites. Les scientifiques pourraient finir par découvrir que tous les sites sacrés de la planète sont disposés selon soit la spirale logarithmique, soit la spirale de Fibonacci, mathématiquement reliés entre eux et tracés à partir de cet unique point situé en Égypte. Cette région, découverte depuis peu en Égypte, a reçu l'appellation de "croix solaire." Une association de l'État de Virginie (The Association for Research and Enlightenment) la considère comme l'un des lieux importants d'Égypte.[8]

Les maîtres, en plus de ce qu'ils accomplirent en Égypte, nous léguèrent le second niveau de conscience, celui où nous sommes actuellement, comme une étape intermédiaire disharmonique nous menant vers le troisième niveau, le niveau christique. Ils accélérèrent ce processus en introduisant l'écriture, ce qui eut pour effet de nous faire oublier l'époque précédant l'homme ou la mémoire de l'Un.

Auparavant, l'écriture n'était pas indispensable car le souvenir était total et instantané. Le second niveau de conscience, l'étape disharmonique que nous traversons actuellement, n'existe que parce que la vie n'a pas encore trouvé comment passer directement du premier au troisième niveau. Toutefois, le second niveau est un échelon d'où il faut embarquer et débarquer le plus rapidement possible car, si une civilisation y reste trop longtemps, sa planète est confrontée à un risque élevé de destruction. Il ne sera jamais trop tôt pour passer ailleurs.

Le complexe que je viens de décrire, situé en Égypte, a été construit environ 200 ans avant le déluge et la bascule des pôles. Soit dit en passant, il s'agissait bien là DU déluge, celui où Noé mit son arche à flot et eut la vie sauve. Juste avant le déluge et la bascule des pôles, Thoth se rendit jusqu'au Sphinx. Le Sphinx est l'élément le plus ancien de la planète ; il repose, en fait, à environ un kilomètre et demi au-dessous de la surface de la terre et constitue un immense vaisseau spatial. Thoth a présenté ces faits, ainsi que la plupart des renseignements donnés dans ce chapitre, dans un document ancien appelé Les tables d'émeraude (The Emerald Tablets).[9]

Selon Thoth, le vaisseau spatial assure notre protection. Il affirme qu'à chaque fois que nous approchons d'une bascule des pôles, nous devenons extrêmement vulnérables car nous traversons une période de trois jours et demi pendant laquelle le champ magnétique de la planète s'effondre. A ce moment, les ténèbres interviennent toujours pour tenter de dominer. Ceci s'est produit régulièrement pendant nos cinq millions et demi d'années d'histoire ; mais, à chaque fois, un être d'une grande pureté a trouvé le vaisseau et l'a élevé dans les airs et, quoi que cette personne pense ou ressente, cela se réalise. Il doit s'agir d'une personne qui est passée dans la conscience christique, de telle sorte que ce qu'elle pense ou ressent se manifeste effectivement de façon instantanée. Cette action empêche toujours les ténèbres de prendre le dessus.

Comme nous approchons à nouveau d'une bascule des pôles, le vaisseau spatial a déjà été mis en place. En 1989, une Péruvienne est passée dans la conscience christique, a élevé le vaisseau et a pensé ce qui suit : les Gris souffrent d'une maladie incurable qui ne se trouve que sur la Terre. Et, effectivement, c'est ce qui a immédiatement commencé à se produire. Vers la fin de 1992, les Gris, à une exception près, avaient presque tous disparu. Ils n'avaient d'autre recours que de se sauver d'ici ; ils ne pouvaient tout simplement plus vivre sur la Terre.

Revenons au vaisseau — je ne veux pas vous induire en erreur. Ce vaisseau spatial n'est pas plus épais que trois à cinq atomes, est aplati de dessus et du dessous, a environ la largeur de deux pâtés de maisons, et il est rond. Il est conçu pour se rattacher à votre propre merkaba, ou pour s'en échapper. Il se place habituellement à une harmonique plus élevée que celle de la Terre, ce qui explique comment il peut se trouver à un un kilomètre et demi au-dessous de la surface de la planète.

Après la tentative manquée des Martiens en Atlantide, il y eut environ 4 000 années de vie de plus en plus chaotique sur la Terre. Vint le temps où la Terre se retrouva dans la précession des équinoxes, prête pour une bascule des pôles, il y a de cela environ 12 500 ans. Thoth éleva le vaisseau, retourna dans l'île de Undal en Atlantide, et prit à bord environ 1 600 maîtres ascensionnés. Selon les dires de Thoth, ils n'avaient pas parcouru plus de cinq cents mètres lorsque l'île de Undal fut engloutie. Ce fut la dernière partie de l'Atlantide à disparaître. Thoth et les maîtres ascensionnés s'en retournèrent à la Grande Pyramide pendant que le champ magnétique de la Terre s'effondrait. Cette destruction dura trois jours et demi. Elle emporta notre mémoire avec elle. Notre mémoire collective dépend directement du champ magnétique terrestre et si ce champ est détruit, nous ne savons plus qui nous sommes. C'est le retour à l'état sauvage. Mais si vous avez appris à maîtriser votre merkaba, vous pouvez créer votre propre champ magnétique à l'aide des champs de lumière à rotation inversée et préserver ainsi votre mémoire. Les maîtres atterrirent sur le dessus de la Grande Pyramide, qui avait été construite en vue de fournir une plate-forme d'atterrissage parfaite pour le vaisseau spatial. Là, ils formèrent un merkaba à partir duquel un énorme champ d'énergie à rotation inversée s'étendait jusqu'à 2,5 millions de kilomètres dans l'espace. Durant la période la plus critique de trois jours et demi que dura la bascule des pôles, les maîtres contrôlèrent les axes, leur inclinaison et l'orbite de la planète. En fait, ils en changèrent l'orbite ; la révolution durait jusque-là 365 jours et maintenant, elle dure 365 jours et un quart. Les maîtres demeurèrent à bord du vaisseau pour la période de destruction du champ magnétique et, lorsque ce fut terminé, ils trouvèrent un monde totalement nouveau. L'Atlantide avait disparu, des parties de ce qu'on appelle maintenant les États-Unis avaient fait surface, et la planète se retrouvait à un niveau dimensionnel différent, beaucoup plus bas. C'est la raison pour laquelle les archéologues n'arrivent pas à trouver de vestiges de cette époque. Ils cherchent à un niveau de vibration différent.

Les maîtres entrèrent dans la Grande Pyramide par un tunnel circulaire menant à sa ville souterraine. Ra prit avec lui environ un tiers d'entre eux — Tat, le fils de Thoth, en faisait partie. Les habitants de cette ville souterraine formèrent ultérieurement la fraternité Tat, et on trouve une grande communauté d'êtres immortels qui y vivent encore de nos jours.

Le vaisseau se rendit ensuite au Lac Titicaca et à l'Ile du Soleil. Là, Thoth mit pied à terre avec environ un autre tiers des maîtres, et ils fondèrent l'empire Inca. Ensuite, le vaisseau alla jusque dans l'Himalaya, où Araaragat débarqua avec un peu moins du tiers des maîtres. Les autres maîtres ascensionnés (sept d'entre eux) retournèrent au Sphinx, élevèrent le vaisseau à l'harmonique leur permettant de traverser la Terre, et descendirent ensuite à environ un mille au-dessous de la surface dans une pièce circulaire où le vaisseau même demeura jusqu'en 1989.

Ces trois endroits — la ville souterraine, l'Ile du Soleil et l'Himalaya — ont été choisis pour des raisons très précises en relation avec la géomancie planétaire telle qu'elle avait été prévue par les maîtres pour l'établissement d'une grille synthétique de la conscience christique de la Terre. L'aspect égyptien devint le point masculin de la grille ; l'aspect maya-inca devint le contrepoint féminin de la grille ; et l'aspect himalayen devint le point neutre, ou enfant de la grille.

L'Égypte et l'évolution progressive

L'Égypte devint le refuge non seulement de la fraternité Tat, mais aussi de plusieurs survivants de l'Atlantide. Comme leur mémoire avait été effacée au cours de la bascule des pôles, les Atlantes étaient redevenus barbares, réduits aux principes fondamentaux de survie, comme allumer un feu pour arriver à se réchauffer, etc. Ils durent attendre très longtemps avant de recommencer à se développer. En fait, ce n'est qu'aux environs de 3 800 ans av. J.-C. que les Nephilim commencèrent à rétablir leurs liens terrestres là où ils avaient établi leurs quartiers d'origine en Irak du Sud. Les Nephilim rendirent simplement l'information qui avait été perdue.

Il existe une nette différence entre les dires de Thoth et les écrits de Sitchin en ce qui concerne le développement de la civilisation égyptienne. Sitchin croit que les Sumériens ont emmené leur culture en Égypte, mais Thoth le nie — ce sont nos propres maîtres ascensionnés, la fraternité Tat, qui sont à l'origine de la civilisation égyptienne.

Il existait alors une étonnante correspondance entre Sumer et l'Égypte. Chacune de ces cultures atteignit son apogée pratiquement du jour au lendemain. Par la suite, elles se mirent toutes deux à décliner vers la même époque.

Cet épanouissement du jour au lendemain peut se comparer à l'apparition soudaine d'une automobile moderne, en 1903, sans prototype. Les archéologues ne peuvent en donner aucune explication. Sitchin, dans La douzième planète, appelle Sumer "la civilisation soudaine".

La fraternité Tat surveillait les Égyptiens de près. Lorsqu'ils jugèrent que le temps était venu, ils envoyèrent leurs membres vêtus exactement comme les Égyptiens et commencèrent à semer de nouveau les connaissances de l'Atlantide. C'est ce qu'on appelle une évolution graduelle. Il n'y a aucun schéma évolutif ; le peuple possède tout à coup la totalité de la connaissance sur un certain sujet. Cette période est suivie d'un plateau et, tout à coup, il possède la connaissance sur un autre sujet, et ainsi de suite.

Dès qu'une certaine information avait été fournie, elle commençait aussitôt à dégénérer. L'explication en est la précession des équinoxes. Au fur et à mesure que nous nous éloignons du centre de la galaxie au cours de ce cycle de 26 000 ans, nous nous endormons. Après la dernière bascule des pôles, la Terre était simplement à ce point de la précession des équinoxes où la conscience planétaire doit s'endormir. Ainsi, à chaque fois qu'une nouvelle information était donnée, les gens commençaient presque immédiatement à la perdre, jusqu'à environ 500 ans av. J.-C., époque où la civilisation égyptienne avait presque complètement disparu.

Akhénaton

Les Égyptiens commencèrent aussi à perdre la notion d'un seul dieu ou d'un seul esprit se mouvant à travers toutes choses et se mirent à adorer plusieurs dieux. Les Maîtres ascensionnés réglèrent ce problème par une autre intervention directe. Ils décidèrent de faire venir sur la Terre un être vivant dans la conscience christique afin de remettre les aiguilles à l'heure dans les dossiers akashiques. Cet être de conscience christique se dénommait Akhénaton et, soit dit en passant, il ne venait pas de la Terre mais du système stellaire de Sirius. Il élabora une toute nouvelle religion, la religion du soleil. Ceci signifie que le soleil était vénéré en tant qu'image d'unité.

Akhénaton ne disposa que de dix-sept ans et demi, autour de 1355 av. J.-C., pour laisser son empreinte. Il fut détesté de tous. Il perturba toutes les religions, affirmant aux gens que les prêtres n'avaient aucune raison d'être, leur disant qu'ils portaient Dieu en eux, et que tout ce qu'ils avaient à faire était d'apprendre à respirer et que tout irait très bien. Même si l'Égypte possédait l'armée la plus puissante au monde, Akhénaton, qui était un pacifiste, lui commanda de ne plus se battre. Il lui ordonna de rester à l'intérieur de ses frontières et de ne riposter que si on l'attaquait. Les gens le méprisèrent car ils adoraient leurs religions, même si ce n'était qu'un tissu de contradictions. Akhénaton affirma que dorénavant, il n'y aurait qu'une seule religion dans toute l'Égypte et personne ne voulait entendre cela.

Akhénaton donna aux initiés une formation avancée, d'une durée de douze ans, portant sur la "connaissance disparue" (je décrirai cette école en détail un peu plus loin). Ce cours forma environ 300 êtres de conscience christique. Ces êtres immortels étaient presque toutes des femmes. Jusqu'à environ 500 ans av. J.-C., ils se joignirent à la fraternité Tat et restèrent dans la cité souterraine située au-dessous de la Grande Pyramide. Elles sortirent ensuite de sous la Grande Pyramide et émigrèrent vers Masada, où elles se firent connaître comme étant la fraternité des Esséniens. Marie, la mère de Jésus, faisait partie de ces êtres immortels.

Les Égyptiens se débarrassèrent d'Akhénaton après un règne de dix-sept ans et demi. Ils firent ensuite tout ce qu'ils pouvaient pour en effacer la mémoire. Tout redevint comme avant. En dépit de cela, c'est Akhénaton qui en sortit vainqueur. Il ne cherchait pas à laisser un héritage permanent sur une planète qui s'endormait. Tout ce qu'il avait à faire était de faire entrer son exemple dans les annales akashiques, la mémoire vive de la Terre. Il se devait de créer la fraternité des Esséniens, ce qui était suffisant pour que la prochaine étape puisse s'accomplir. Il fit exactement ce qu'il avait à faire et ce, durant la période de temps qui lui était allouée.

Notes

[1]. Robert Temple, The Sirius Mystery (New York : St. Martin's Press, 1976).

[2]. John Anthony West, Civilization rethought, Conde Nast Traveler, Février 1993 (New York : Conde Nast Publications, Inc.).

[3]. Zecharia Sitchin, Genesis Revisited (New York : Avon Books, 1990).

[4]. Zecharia Sitchin, The 12th Planet (New York : Avon Books, 1976).

[5]. Zecharia Sitchin, Genesis Revisited.

[6]. Zecharia Sitchin, Genesis Revisited.

[7]. Eberhard Schrader from "Die Kielschriften und des alte Testament", cité par Zecharia Sitchin, The 12th Planet.

[8]. "The Association for Research and Enlightenment" est une association fondée pour préserver et poursuivre la recherche entreprise par Edgar Cayce.

7
Drunvalo

Qui donc au juste est Drunvalo Melchizedek ? Laissez-moi d'abord vous parler de l'arrière-arrière-arrière grand-père de Drunvalo, Machiavinda Melchizedek. Machiavinda était désigné par le Centre galactique pour être avec nous. Il nous accompagne depuis le tout premier moment de notre création.

La Grande Fraternité Blanche et ce que l'on pourrait appeler la Grande Fraternité des Ténèbres sont deux corps de conscience opposés l'un à l'autre de toutes les manières qu'on puisse imaginer. Machiavinda faisait partie de la Grande Fraternité Blanche. Celle-ci fait tout ce qui est en son pouvoir pour faire avancer notre évolution, tandis que la Grande Fraternité des Ténèbres fait tout ce qui est en son pouvoir pour provoquer la peur et ralentir l'évolution.

Les forces de ces deux fraternités ont tendance à s'équilibrer de telle sorte que notre évolution se fait exactement au moment opportun, ni trop tôt ni trop tard. Vu d'un niveau plus élevé — la quatrième dimension ou plus — il s'agit là de la conscience de l'Un. Les deux fraternités ne sont que des aspects différents de l'Un travaillant en harmonie. C'est seulement parce que nous vivons ici-bas au milieu de la conscience de polarité que nous évaluons tout en fonction du bien et du mal. Le mal peut accomplir des choses étonnamment pénibles et dégoûtantes, mais au niveau de la conscience de polarité, il ne s'agit que de simples leçons.

A cause d'événements stupéfiants qui se produisirent en 1972 (je consacrerai tout un chapitre à ce sujet plus loin), la Grande Fraternité des Ténèbres qui, soit dit en passant, savait déjà ce qui allait arriver, enrôlèrent quatre membres supplémentaires venant des systèmes stellaires d'Orion, tandis que la Grande Fraternité Blanche envoya en réponse quatre des siens. Drunvalo faisait partie des quatre. Il fut choisi à cause de sa longue expérience dans l'Ordre de Melchisédech du treizième royaume dimensionnel. Il en faisait quasiment partie depuis le début, soit environ 10 milliards d'années terrestres. Il n'avait pratiquement aucune notion de la conscience de polarité et c'est pour cela qu'il fut expédié ici, à cause de son innocence.

Drunvalo vint sous la forme de ce qu'on appelle un "walk-in". Une autre personne occupa son corps jusqu'à ce que Drunvalo fût prêt à y entrer ; elle suivit des formations et un entraînement qui furent ensuite utiles à Drunvalo. Pour cela, un accord avait été passé. Il est illégal, selon la loi universelle du niveau le plus élevé, de prendre possession d'un corps de toute autre manière. La personne qui a laissé son corps afin que Drunvalo puisse l'occuper a reçu quelque chose de très spécial en échange. Drunvalo n'en dit pas plus là-dessus.

Drunvalo peut pratiquement se souvenir de chaque instant de sa descente à travers les niveaux dimensionnels, à partir de la treizième jusqu'à la troisième dimension, pour venir ici. Selon lui, il lui serait maintenant trop douloureux de se souvenir de la vie dans la treizième dimension. Il est absolument impossible de vivre ici, dans la troisième dimension, et de se souvenir entièrement de ce à quoi ressemble la treizième. Il se souvient toutefois qu'il a été dans la treizième dimension et que son père lui a demandé de venir ici, et il se souvient aussi qu'il a reçu un plan lui permettant de se diriger à l'intérieur du Grand Vide, car c'est ce qu'il devait traverser pour se rendre ici.

Pendant très longtemps, il se déplaça dans le Grand Vide en suivant ce plan. Il ne sait pas ce que ceci représente en années terrestres, mais il s'agit d'une très longue période, peut-être des millions d'années. Il continua de se déplacer jusqu'à ce que la lumière réapparaisse et, en ce temps et lieu, il fit la rencontre de Machiavinda. Il passa alors par le centre d'une nébuleuse, l'étoile centrale de la ceinture d'Orion. Il s'agit d'une des principales porte d'étoiles donnant accès aux autres niveaux dimensionnels. Par exemple, il y a treize portes d'étoiles différentes dans notre galaxie, mais l'étoile centrale de la ceinture d'Orion est très particulière. A cette porte d'étoiles, la grande lumière et les grandes ténèbres travaillent en étroite collaboration. Plusieurs Gris émanent précisément de cet endroit de la galaxie.

Après avoir traversé la ceinture d'Orion, Drunvalo se dirigea vers les Pléiades. Il visait précisément une planète de la quatrième dimension entourée d'atmosphère verte. Il n'avait pas de forme pour venir sur cette planète, mais il était entièrement conscient ; ou, pour l'exprimer autrement, disons que sa forme n'était qu'une boule de lumière. Il fut en gestation dans un corps de bébé qu'il garda pendant une période d'environ quinze années terrestres. Il apprit très tôt que les Pléiades possédaient une université galactique. Sa population repose sur les harmoniques les plus élevées de la quatrième dimension, et tout apprentissage s'y fait dans la joie et l'amusement. L'enseignement fait appel à des jeux.

Lorsque Drunvalo eut appris ce qu'il devait connaître des Pléiades, il se dirigea vers la troisième planète à partir de Sirius B. Ce monde n'est pratiquement qu'un océan. Les Siriens sont aussi dans la quatrième dimension, mais sur une harmonique moins élevée que les habitants des Pléiades. Ils ne vivent pas la joie et l'amusement au même degré que dans les Pléiades, mais cela viendra. Sur cette planète marine, Drunvalo n'avait pas de corps — il n'était que conscience. Il se manifestait en s'attachant à un être de grande taille, une baleine femelle de type épaulard. Il nagea avec cette baleine pendant environ un an et, pendant qu'il nageait avec elle, elle lui raconta l'histoire de la Terre. A l'intérieur de ce mammifère se trouvait la grille entière de la mémoire de la Terre. Ce joyeux intermède prit fin lorsque trois humanoïdes des Pléiades, mesurant de quatre à cinq mètres, vinrent lui dire qu'il était temps de partir. Ils emmenèrent Drunvalo sur la portion terrestre de la planète où il se trouvait et lui donnèrent le corps déjà formé d'un homme adulte de Sirius. (Drunvalo a déjà fait la remarque que “la majeure partie des peuples de la Galaxie ne gaspillent pas les corps comme nous le faisons”). Ses cellules contenaient les codes de mémoire lui permettant de diriger le vaisseau sirien qui lui fut alors remis.

Drunvalo, accompagné de 350 membres d'équipage, monta à bord de ce vaisseau avec un plan de vol élaboré pour se rendre sur la Terre. Ceci impliquait de partir de Sirius B en passant par le centre de Sirius A. Vous réussissez à traverser en vous accordant simplement à la même vibration que celle du Soleil, de telle sorte que le "chaud" n'est plus chaud. Quatre-vingt-dix secondes plus tard, vous sortez par le soleil terrestre. Ceci est dû à notre lien intime avec Sirius. Par cette manœuvre, Drunvalo et son équipage atteignirent le champ orbital de Vénus, le monde où vivent les êtres les plus évolués du système solaire : le peuple Hathor.

Après certaines aventures dans la réalité dimensionnelle de Vénus (les voyageurs se retrouvèrent sous des pluies torrentielles d'acide sulfurique), ils s'approchèrent de la Terre et se placèrent sur une harmonique plus élevée que notre propre niveau dimensionnel, de telle sorte que nous ne puissions les voir. Drunvalo abandonna le corps sirien et se transforma en boule de lumière. Pour lui, ceci ressemblait à un mouvement de conscience ; cela lui parut donc facile, avant sa mise en contact plus brutale avec la réelle conscience de la polarité. Il se déplaça vers le quatrième niveau dimensionnel de la Terre et, de là, continua à monter vers des niveaux plus élevés, cherchant une trace de vie. Rien dans la quatrième. La cinquième était absolument vide. Il trouva finalement les Maîtres ascensionnés dans les dixième, onzième et douzième harmoniques de la sixième dimension. Il se joignit à eux et bénéficia de leur enseignement sur une période de temps allant de 1819 à 1850.

En 1850, Drunvalo vint au monde en tant que femme faisant partie de la tribu Taos, au Nouveau-Mexique. Il resta dans ce corps de femme pendant quarante ans et le quitta consciemment en 1890, en retenant simplement son souffle. Il retourna à la sixième dimension et y resta cette fois jusqu'en 1972.

Le 10 avril 1972, Drunvalo prit possession de son corps actuel. Tout se fit en une seule respiration. L'esprit qui partait expira et Drunvalo fut inspiré. Cela se passa ainsi, de façon correcte et légale. Auparavant, les deux esprits avaient communiqué pendant sept à neuf ans ; ils avaient fait une demande et reçu l'entière permission de réaliser ce projet à tous les niveaux.

Drunvalo ne raconte pas ces histoires à son sujet pour prouver qu'il est quelqu'un de spécial. Au contraire, c'est pour vous servir d'aide-mémoire, pour vous rappeler à quel point vous êtes spécial. Considérez, par exemple, que vous pourriez vous aussi être un Maître d'une dimension plus élevée envoyé ici en mission spéciale. Considérez aussi qu'afin de pouvoir accomplir convenablement votre devoir, il vous était nécessaire de devenir aussi humain que possible, c'est-à-dire de vous endormir et d'oublier, jusqu'au moment précis où vous retrouverez le souvenir de votre vraie nature. Vous avez parfaitement accompli la première partie. C'est maintenant le temps d'accomplir la Phase II.

Drunvalo possède la mémoire et c'est là toute la différence. Il est ici en tant que catalyseur pour déclencher la sonnerie dont nous avons besoin pour nous éveiller.

8

INTRODUCTION À LA GÉOMÉTRIE SACRÉE

Comme je l'ai mentionné auparavant, Thoth réapparut à Drunvalo le 1er novembre 1984. A partir de ce moment-là, ils communiquèrent de façon régulière pendant les quelques mois qui suivirent. Ce que Thoth voulait, c'était amener Drunvalo à une compréhension de la géométrie sacrée. Drunvalo lui transmit ce qu'il savait et Thoth, après l'avoir étudié, lui affirma qu'il avait encore beaucoup à apprendre. Pendant deux ou trois mois, Thoth se manifesta chaque jour à Drunvalo pour lui enseigner une nouvelle leçon de géométrie sacrée.

La géométrie sacrée représente la structure morphogénétique qui se trouve derrière la réalité elle-même, sous-jacente même aux mathématiques. La plupart des physiciens et des mathématiciens pressentent que les chiffres constituent le langage primaire de la réalité, mais en fait, c'est la forme qui est à l'origine de toutes les lois physiques.

Thoth présenta la géométrie sacrée comme étant l'emblème de la réalité dans tout le cosmos. Elle est parfois appelée "le langage de la lumière" et parfois aussi "le langage du silence". En fait, la géométrie sacrée est un langage, un langage par lequel toute chose fut créée. De toutes les formes que Thoth montra à Drunvalo, la Fleur de Vie était l'avant-dernière (ill. 8-1). Il affirma que tout ce qui avait déjà été créé ou ce qui existait actuellement avait été accompli par cette configuration. Tout est contenu à l'intérieur de la Fleur de Vie. Il n'y a rien dans l'univers, et il n'y aura jamais rien, qui ne soit contenu dans cette image — tous les langages, toutes les lois de la physique, toutes les formes de vie biologique — y compris chacun de nous individuellement.

Thoth affirma à Drunvalo qu'il pourrait trouver cette image en Égypte. Drunvalo était étonné, car il n'avait jamais rien vu de semblable dans toutes ses études égyptiennes. Toutefois, peu après, un ami qui revenait d'un voyage en Égypte lui donna une photo montrant la Fleur de Vie

8-1 La Fleur de Vie

représentée sur le mur d'une structure vieille d'environ 6 000 ans, située dans l'un des plus vieux temples découverts en Égypte.

On appelle cette représentation Fleur de Vie parce que sa réplique prend naissance dans un arbre. Pensez à un arbre fruitier : au cours de sa croissance, il fleurit et donne des fruits. Les fruits tombent, et chacun comprend des milliers de graines, et chaque graine est une représentation de l'arbre entier. Toute la création est contenue dans la géométrie de la Fleur de Vie.

L'aspect de la semence forme le premier cercle et les six cercles qui l'entourent (ill. 8-2). L'image suivante représente l'Arbre de Vie (ill. 8-3). Son image est contenue dans la semence. Lorsque vous superposez les deux images (ill. 8-4), la Semence de Vie et l'Arbre de Vie, vous voyez de quelle façon les lignes s'unissent et comment l'arbre s'y intègre parfaitement.

Les vesica piscis représentent une autre image centrale de la géométrie sacrée. Il s'agit simplement d'un cercle juxtaposé à un autre cercle exactement du même diamètre, de telle sorte que le bord d'un cercle traverse le centre de l'autre. La surface commune ainsi créée représente les vesica piscis. Deux triangles équilatéraux sont contenus à l'intérieur de cette image et deux carrés, formant un rectangle, viennent les encadrer (ill. Deux triangles équilatéraux...).

La Fleur de Vie et la Semence de Vie ne sont rien d'autre que des vesica piscis. De plus, en regardant l'illustration 8-4, vous verrez que chaque ligne faisant partie de l'Arbre de Vie est soit de la longueur soit de la largeur d'un vesica piscis. Ce

8-2 La Semence de Vie

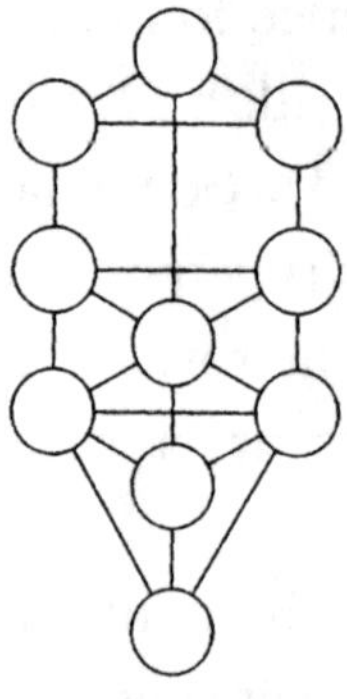

8-3 L'Arbre de Vie

8-4 Superposition de la Semence de Vie et de l'Arbre de Vie

qui caractérise la géométrie sacrée, c'est qu'elle est parfaite, elle ne contient aucun défaut. Elle continue à se déployer jusqu'à ce que l'univers tout entier soit créé. Chaque infime partie est reliée à toutes les autres. Vous pouvez partir de n'importe quel point et engendrer tout le langage de la création.

De tous les enseignements que Thoth a donnés à Drunvalo, la géométrie sacrée représentait selon lui le plus indispensable. Il peut paraître difficile de concevoir que la base de la création repose sur la géométrie, mais c'est tout simplement ainsi. Il n'existe rien, à tous les niveaux, qui ne s'appuie sur la géométrie. Si nous arrivons à comprendre comment fonctionne la véritable géométrie, nous aurons traversé une première étape cruciale pour ce qui est de convaincre nos esprits rationnels que l'esprit de l'Un se meut réellement à travers toute chose.

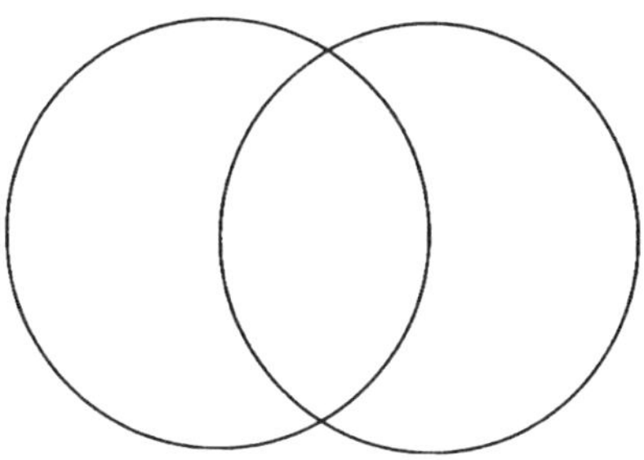

8-5 Les "vesica piscis"

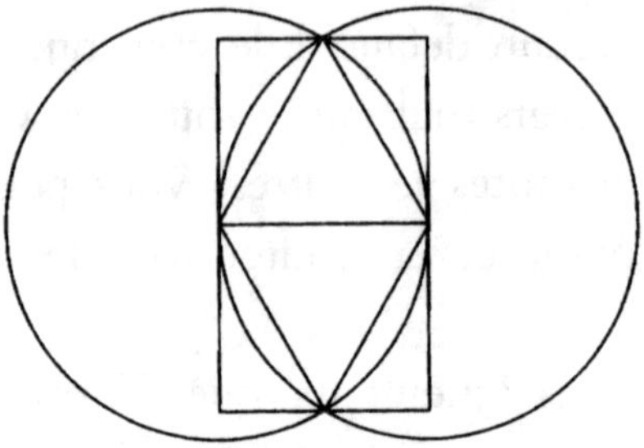

8-6 *Deux triangles équilatéraux sont contenus à l'intérieur et deux carrés, formant un rectangle, encadrent les "vesica piscis".*

9

L'ŒIL DROIT D'HORUS

J'étais conscient de l'intégration menant à la conscience de l'Un. En fait, je l'avais enseignée pendant plusieurs années. C'est le but visé par la technique du rebirth.

Je connaissais la philosophie de l'immortalité, ainsi que l'ascension. Je m'étais consciemment engagé dans cette direction depuis des années.

J'étais au courant de l'existence des forces de la lumière et des forces des ténèbres. Mais il manquait quelque chose.

Même lorsque je fis la connaissance de Drunvalo à travers les vidéocassettes et même s'il répondait à une multitude de questions, il manquait encore quelque chose.

Pendant longtemps, je ne portai aucune attention à la géométrie sacrée introduite par Drunvalo. J'avais même de la difficulté à faire semblant de m'y intéresser. Il me fallut beaucoup de temps et de patience pour que j'arrive à m'y frayer un chemin. Cela me prenait parfois des heures avant de vraiment comprendre un dessin, car les vidéos étaient mes seuls outils d'apprentissage. Je m'aperçus cependant après coup que chaque minute d'effort en valait vraiment la peine.

Je suis maintenant convaincu qu'il s'agit de l'information la plus importante qu'il m'ait été donné de recevoir. L'étude de la géométrie sacrée, associée à ma formation antérieure et à mes connaissances, a permis l'intégration des cerveaux droit et gauche. Même si j'étais sérieusement engagé dans un travail spirituel intuitif d'intégration depuis de nombreuses années, je vivais un conflit interne. Mon cerveau droit féminin avait l'intuition de l'esprit de l'Un et de la conscience unitive, mais il n'en avait aucune preuve. Mon cerveau gauche masculin ne m'apportait aucune aide. Il n'y croyait pas et ne voyait partout que la dualité.

Je me trouvais en quelque sorte dans des limbes. Le fait de devenir plus conscient avec les années n'y changeait rien et semblait même, d'une certaine manière, envenimer les choses. Bien sûr, c'est là le vrai principe de la guérison — tout ce à quoi vous tenez et qui est moins pur que vos aspirations les plus élevées viendra se signaler à votre attention, et aussi longtemps que vous demeurerez conscient, vous passerez au travers. Je savais cela, mais le seul fait de le savoir n'était pas suffisant.

L'œil droit d'Horus et la géométrie sacrée qu'il contenait m'apportèrent l'information manquante que je cherchais sans le savoir.

Drunvalo affirme que le but de cet enseignement est de réaliser l'intégration du cerveau droit et du cerveau gauche. Il s'agit de "convaincre" le cerveau gauche, ou l'hémisphère masculin, qu'il n'y a que l'Un et qu'un seul Esprit se déplaçant à travers toutes choses. Une fois le cerveau gauche convaincu, l'intégration commence, et nous passons progressivement de la polarité à la conscience de l'unité.

Alors, que signifie tout ceci ? Tout d'abord, disons qu'il n'est pas question de faire le saut jusqu'à la quatrième dimension sans avoir auparavant effectué cette intégration. Dans la quatrième dimension, la manifestation est instantanée. La réalité là-bas est faite de tout ce que vous pensez et se manifeste instantanément sous vos yeux. Il semblerait donc que la conscience de l'unité et la pureté de la pensée y aient la plus grande importance.

Mais elles ont aussi leur importance ici ! Ici, votre réalité est composée de tout ce que vous dites qu'elle est et se manifeste devant vous, même s'il y a de toute évidence un laps de temps avant la manifestation dans la troisième dimension.

Nous n'aurons aucune certitude quant à la quatrième dimension jusqu'à ce qu'elle soit devenue notre présence vivante réelle de chaque instant. Notre seule réalité est celle que nous vivons ici et maintenant. Afin de la créer du mieux que nous le pouvons, il est très utile d'en savoir le plus possible sur l'intégration et sur la conscience de l'Un afin de nous rendre ici-bas réceptifs à des niveaux toujours plus élevés de lumière et de sagesse.

C'est dans cet esprit que je vous invite à vous plonger dans ce que je vais vous proposer. Procurez-vous un compas et une règle si vous le désirez, et faites vous-mêmes les dessins. Amusez-vous bien !

La Loi de l'Un

Durant son règne en Égypte, Akhénaton rassembla quelques milliers de personnes, toutes âgées d'au moins quarante-cinq ans. Elles avaient préalablement reçu une formation étalée sur une période de douze ans, connue sous le nom de “œil gauche d’Horus”, une formation en rapport avec l’hémisphère droit du cerveau du corps émotionnel. Akhénaton prit ensuite ces mêmes personnes pour une autre période de douze ans dans son École Mystique Égyptienne, La Loi de l’Un, et leur donna la formation qui leur manquait, "l'œil droit d'Horus". Ultérieurement, ceci fut transmis à Drunvalo par Thoth.

Le plan réel ne se trouve qu’en un seul endroit, en-dessous de la Grande Pyramide, dans un long couloir menant à la salle des archives. Toutes les images chromosomiques de la géométrie sacrée se trouvent à la partie supérieure du côté gauche du mur. Autrement, tout cet enseignement ne fut transmis qu’oralement.

Le symbole de l’École d’Akhénaton était l’œil droit d’Horus, lequel est contrôlé par l’hémisphère gauche du cerveau. Il s’agit du savoir masculin, du côté logique expliquant comment tout fut créé par l’esprit et rien d’autre, car l’esprit n’a besoin de rien pour créer l’univers.

Suivent les trois premiers versets de la Genèse, chapitre premier :

“Au commencement, Dieu créa les cieux et la terre. La terre était informe et vide : il y avait des ténèbres à la surface de l’abîme, et l'esprit de Dieu se mouvait au-dessus des eaux. Dieu dit : Que la lumière soit ! Et la lumière fut."

Un élément omis par la Bible et clairement défini par l’École d’Akhénaton est que pour que l’esprit puisse se mouvoir dans le Grand Vide, il devait se mouvoir par rapport à quelque chose. Le Grand Vide, c’est le néant total ; si l’esprit est tout ce qui s’y trouve et s’y meut mais sans avoir de

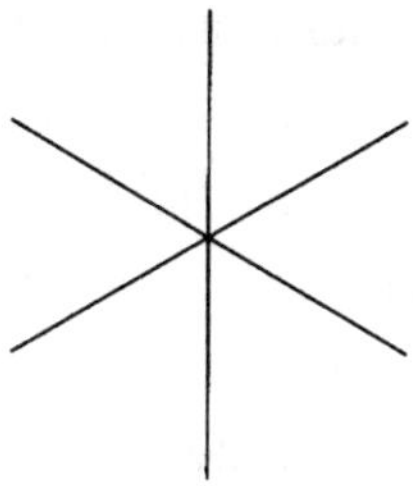

Ill. 9-1 Projection de l'esprit dans les six directions

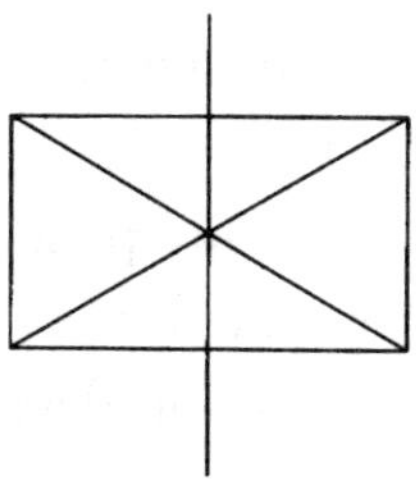

Ill. 9-2 Carré

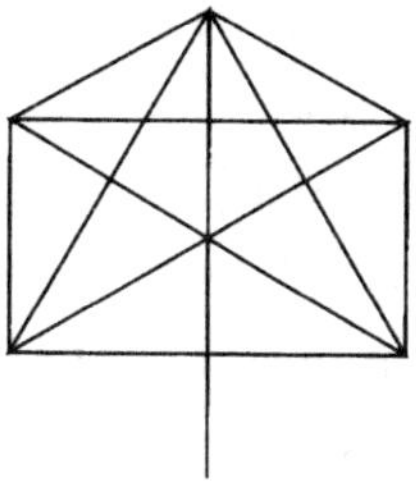

Ill. 9-3 Pyramide

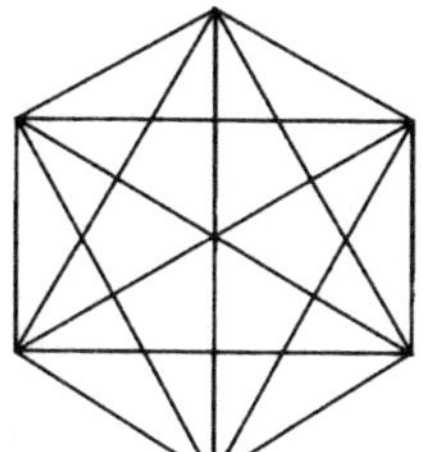

Ill. 9-4 Octaèdre

point de référence, comment savoir qu'il se meut ? L'analyse qu'en faisait l'École d'Aknénaton était la suivante : l'esprit se projetait lui-même aussi loin qu'il le pouvait dans les six directions — haut et bas, avant et arrière, gauche et droite (ill. 9-1). On peut concevoir ceci à partir de trois axes identifiés par x, y et z. L'échelle de la projection n'a aucune importance ; même si ce n'est que d'un centimètre, c'est suffisant.

Donc l'esprit se projeta lui-même dans les six directions. L'étape suivante consista à relier les lignes — d'abord pour former un carré (ill. 9-2), ensuite pour former une pyramide (ill. 9-3), et ensuite pour ramener les lignes vers le bas de façon à former une pyramide au-dessous, représentant un octaèdre (ill. 9-4). L'esprit était à ce moment entouré de la réalité de l'octaèdre. Même s'il ne s'agissait que d'une image mentale, le mouvement était désormais possible puisque des périmètres avaient été créés.

L'esprit commença alors à pivoter sur trois axes, traçant ainsi une sphère (ill. 9-5). Dans la géométrie sacrée, la ligne droite est considérée comme masculine, tandis que la ligne courbe est féminine. Ainsi, en faisant pivoter l'octaèdre sur son axe, l'esprit passa de l'état masculin à l'état féminin, c'est-à-dire le cercle. La Bible rapporte que l'homme fut créé d'abord, et la femme ensuite. C'est le passage de la ligne droite à la ligne courbe. La raison pour laquelle l'esprit passa des lignes droites aux lignes courbes est que la progression géométrique nécessaire à la création se réalise beaucoup plus facilement à partir des lignes courbes féminines.

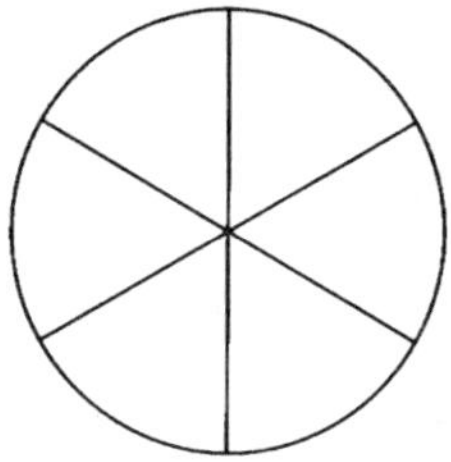

9-5 Le dessin d'une sphère

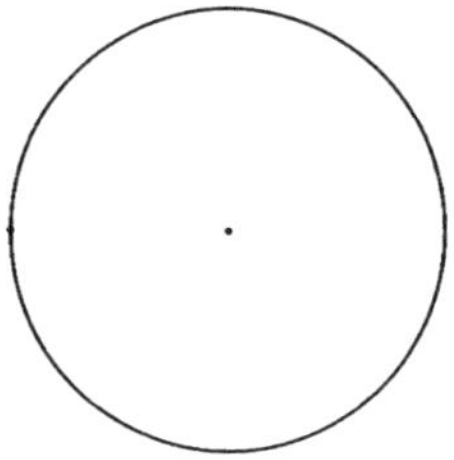

9-6 Le premier mouvement pour sortir du vide absolu est de se déplacer à la surface

L'esprit de Dieu se retrouve donc maintenant à l'intérieur d'un cercle. La Genèse dit "L'esprit de Dieu se mouvait au-dessus des eaux", mais où allait-il ? Dans l'univers tout entier, il n'y avait qu'un seul nouvel endroit : la surface. Alors l'étudiant de l'École d'Akhénaton apprenait que l'esprit se déplaçait sur la surface. N'importe où sur la surface, il n'est pas important de savoir à quel endroit. Le premier mouvement pour sortir du Grand Vide est de se déplacer à la surface (ill. 9-6). Après ce premier mouvement, tout vient de façon automatique ; chaque mouvement qui part de là vous indique exactement où faire le mouvement suivant, jusqu'à ce que l'univers tout entier soit créé.

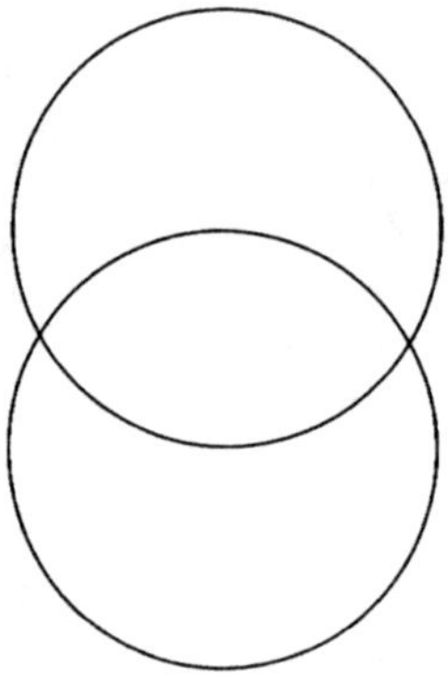

9-7 *Le premier jour de la Genèse*

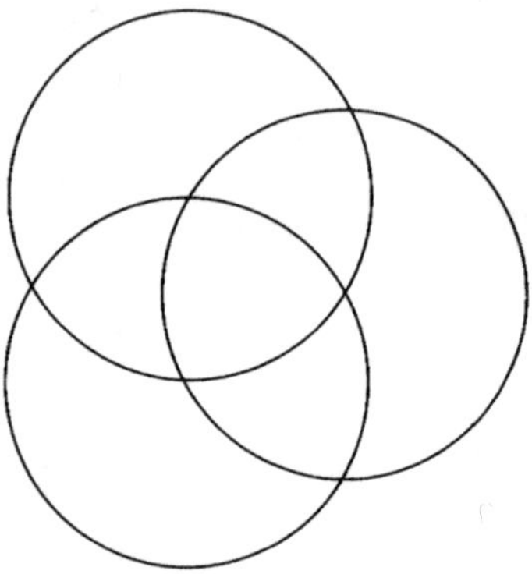

9-8 *Le deuxième jour de la Genèse*

9-9 *Le troisième jour de la Genèse*

9-10 *Le quatrième jour de la Genèse*

9-11 Le cinquième jour de la Genèse

9-12 Le sixième jour de la Genèse.
Le septième jour fut un jour de repos.

Le troisième verset de la Genèse dit : “Dieu dit : Que la lumière soit !, et la lumière fut.” Après s’être déplacé sur la surface, il ne reste qu’une seule chose à faire, c’est de faire un autre cercle (ill. 9-7). Ce que vous obtenez alors, ce sont des vesica piscis, ou deux cercles imbriqués, ce qui représente la structure métaphysique qui sous-tend la lumière. Et ceci faisait partie du premier jour de la Genèse. Là où les deux sphères se rencontrent se trouve un cercle ou un ovale. En vous déplaçant vers ce nouveau cercle et en traçant une autre sphère, vous obtenez la figure suivante, marquant le deuxième jour de la Genèse (ill. 9-8). Un mouvement de rotation commence maintenant à se manifester à la surface de la sphère jusqu’à son complet achèvement. Ce phénomène est entièrement automatique. Voyez les illustrations 9-9, 9-10, 9-11. Lorsque vous arrivez au sixième jour de la Genèse, vous avez six cercles s’ajustant parfaitement et ne contenant rien de superflu (ill. 9-12). Le septième jour, l’Esprit se repose, parce que la genèse et toutes les lois de l’univers sont accomplies. Au fur et à mesure que la figure continue de pivoter en un vortex, des objets tridimensionnels commencent à poindre hors du dessin.

Il est important de bien comprendre ici que la géométrie sacrée ne consiste pas seulement en un groupement de lignes sur une page ; ce sont plutôt les mouvements sacrés de l’esprit dans le Vide. C’est le plan des mouvements requis pour sortir du Grand Vide tridimensionnel en vue de finalement nous conduire, en ce qui nous concerne, sur la planète Terre. Suivant l’harmonique dimensionnelle où vous êtes, il y a 144 formes différentes de Vide.

La première figure qui ressort de ce motif est un tunnel torus (ill. 9-13). Ce dernier émerge de la première rotation ou des six premiers jours de la Genèse. Vous créez cette image en faisant pivoter le dessin (lorsque vous faites pivoter le dessin, vous obtenez un tunnel torus avec, au centre, un point infiniment petit). Souvenez-vous qu'il s'agit d'une forme à trois dimensions et non à deux. Le tunnel torus (ill. 9-13) représente la forme originelle de l'univers. Il a ceci d'unique qu'il tourne sur lui-même ; aucune autre forme ne peut en faire autant.

Stan Tenen, [1] après plus de vingt ans de recherche, réussit à tracer la spirale d'un tube torus à partir du milieu pour en faire ressortir la forme. Il enleva le minimum de matière pour tracer le tube torus et le plaça à l'intérieur d'un tétraèdre tridimensionnel (ill. 9-14). Il découvrit qu'en faisant passer de la lumière à travers ce dernier de façon que l'on puisse voir son ombre sur une surface à deux dimensions, il pouvait reproduire toutes les lettres de l'alphabet hébreu, exactement telles qu'elles sont écrites et dans l'ordre. Il découvrit en outre que s'il changeait la position de la forme, il obtenait la projection de toutes les lettres grecques. Ensuite, en

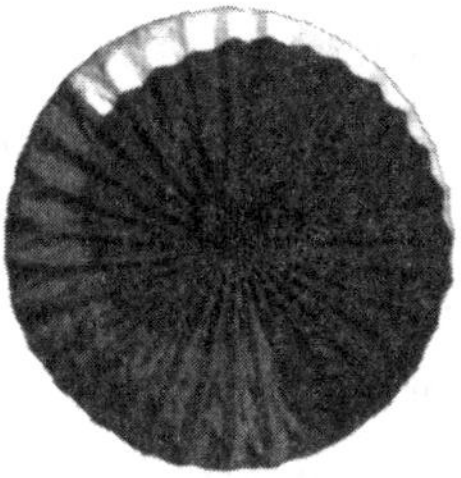

9-13 Tunnel torus

9-14 La spirale d'un tunnel torus à l'intérieur d'un tétraèdre

changeant de nouveau la position, il pouvait dessiner toutes les lettres arabes. Il obtint ceci simplement en plaçant cette forme particulière dans différentes positions à l'intérieur d'un tétraèdre tridimen-sionnel. Il y a effectivement vingt-sept positions symétriques fondamentales à l'intérieur d'un tétraèdre.

Donc, le premier élément à ressortir de la Genèse est le lien reliant la forme métaphysique au langage. Et tout ceci se produisit durant les sept premiers jours de la création.

Nous avons donc commencé à produire un motif de vortex d'énergie en rotation. A chaque fois qu'un nouveau dessin rotatoire est achevé, une nouvelle forme est créée et cette nouvelle forme est la base de la création.

Le mouvement de rotation part toujours des endroits les plus intérieurs (ill. 9-15). Le mouvement suivant de rotation est montré par l'illustration Le mouvement de rotation suivant. En effaçant certaines lignes du dessin du mouvement de rotation suivant, vous arriverez à l'illustration de l'Œuf de Vie. Il s'agit de la description en deux dimensions d'une figure tridimen-sionnelle. L'Œuf de vie comprend en fait huit sphères, la huitième étant directement placée derrière la sphère centrale. L'Œuf de vie représente le motif par lequel sont reliées les harmoniques du son, de même que celles du spectre électromagnétique, et il s'agit aussi du motif qui sous-tend toute vie biologique. C'est le motif de toutes les structures, sans aucune exception.

Le mouvement rotatoire suivant vous donne le tracé — ce qui signifie le nombre exact de cercles — pour obtenir la Fleur de Vie (voir ill. 9-18). Cette fleur est composée de sept cercles, ainsi que le montre l'illustration ci-après. Le dessin montre comment la fleur de vie est habituellement représentée. Elle a toujours été traditionnellement représentée ainsi parce que les sociétés secrètes qui l'ont transmise voulaient dissimuler l'image suivante, c'est-à-dire le Fruit de Vie. Si vous jetez un coup d'œil à l'illustration de la Fleur de Vie, telle qu'habituellement elle est représentée, vous remarquerez qu'il y a des lignes et des cercles qui ont simplement l'air de s'arrêter, mais si vous complétez tous les cercles et poursuivez le mouvement de rotation, vous arriverez au Fruit de Vie.

Il y a une autre manière d'obtenir le Fruit de Vie. Si vous regardez de nouveau le dessin de la Fleur de Vie, vous verrez sept cercles qui s'ajustent parfaitement à l'intérieur d'un plus grand cercle. Il s'agit là d'une autre méthode pour représenter la Fleur de Vie. Si vous prenez une moitié du rayon du cercle central, que vous tracez un nouveau cercle en utilisant cette moitié du rayon et que vous faites descendre les cercles le long des trois axes, vous obtenez le Fruit de Vie (ill. 9–23). Ceci signifie que le Fruit de Vie est contenu de façon proportionnelle à l'intérieur de la Fleur de Vie.

Ill. 9-15 Les endroits les plus intérieurs

Ill. 9-16 Le mouvement de rotation suivant

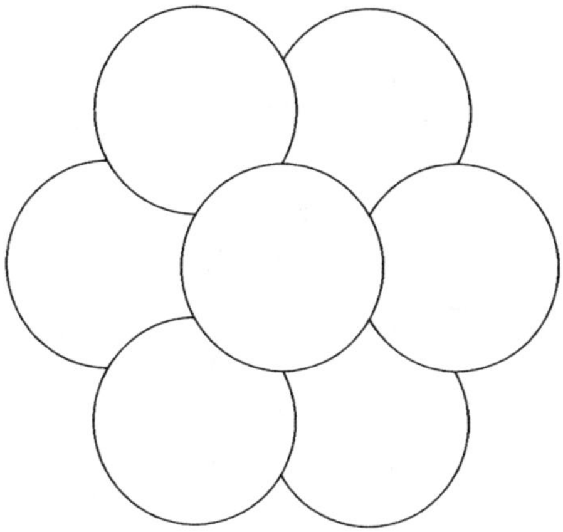

Ill. 9-17 L'Oeuf de Vie

Ill. 9-18 La Fleur de Vie

Ill. 9-19 Les sept cercles de la Fleur de Vie

Ill. 9-20 La Fleur de Vie, telle qu'habituellement représentée.

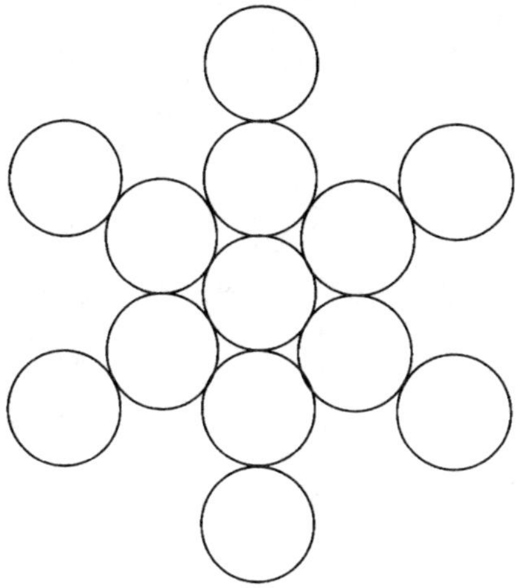

9-21 Le Fruit de Vie

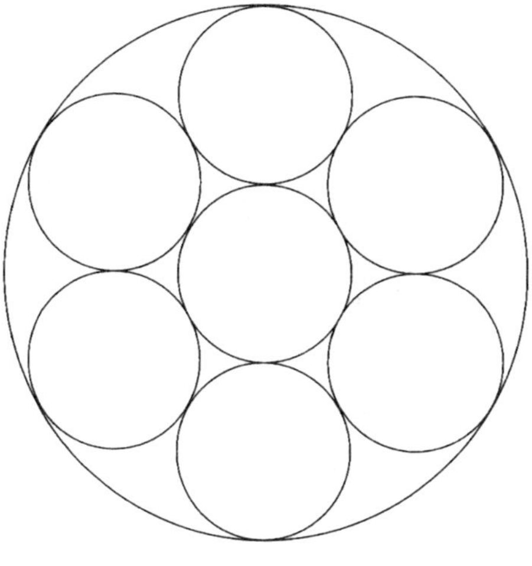

9-22 La Fleur de Vie, montrant les sept cercles qui s'ajustent parfaitement à l'intérieur d'un plus grand cercle.

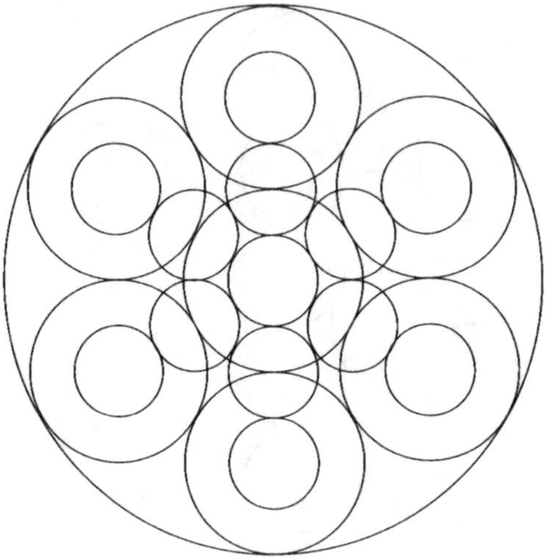

9-23 *Le Fruit de Vie*

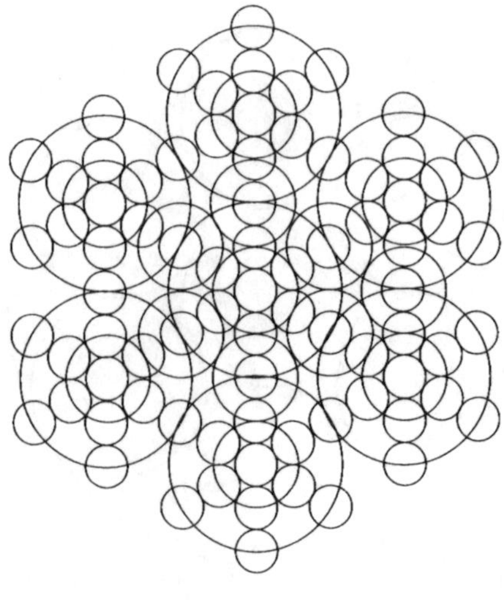

9-24 *Treize cercles reliés à treize cercles, ou le Fruit de Vie relié au Fruit de Vie*

Si vous répétez ceci (ill. 9–24), vous vous retrouvez avec treize cercles reliés à treize cercles, etc., ou avec le Fruit de Vie relié au Fruit de Vie. Vous pouvez répéter cette opération sans fin — il n'y a ni commencement ni fin. Tout comme pour la spirale logarithmique (dont nous parlerons plus loin), il s'agit ici d'une figure géométrique fondamentale de l'univers.

Le Fruit de Vie représente une figure très spéciale, à caractère hautement sacré. Il nous éclaire sur la raison de la création. Treize systèmes d'information se révèlent à travers la Fleur de Vie ; ici, nous allons voir de plus près quatre d'entre eux. L'ensemble des treize systèmes donne une description détaillée du moindre petit aspect de notre réalité, de tout ce que nous pouvons penser, voir, percevoir, goûter ou sentir, jusqu'à la structure atomique véritable.

Vous obtenez ces treize systèmes d'information en combinant l'énergie géométrique féminine avec l'énergie masculine. Lorsqu'il y a combinaison de ces deux énergies, quelque chose de nouveau se manifeste. Sauf en ce qui concerne la toute première forme, tous les dessins que j'ai décrits comportent des lignes courbes porteuses d'énergie féminine, ce qui fait que la façon la plus simple et la plus évidente d'y ajouter l'énergie masculine, par des lignes droites, consiste à relier entre eux tous les centres des sphères du Fruit de Vie. Si vous faites cela, vous vous retrouverez avec une figure connue sous l'appellation de "Cube de Métatron" (ill. 9–25).

Le Cube de Métatron contient quatre des cinq répliques tridimensionnelles des cinq corps platoniciens (voir ill. 9–26)

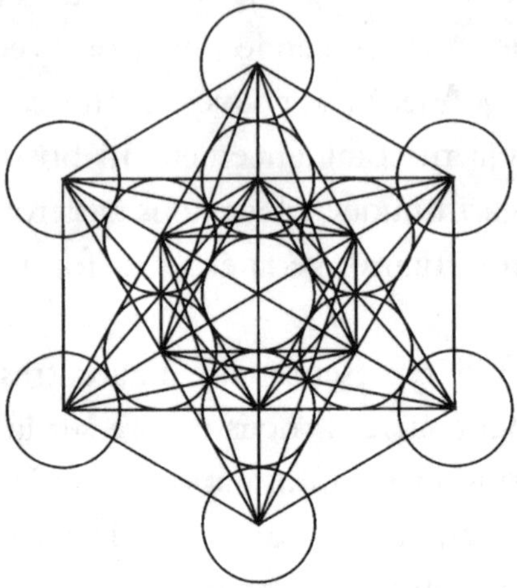

9-25 *Cube de Métatron*

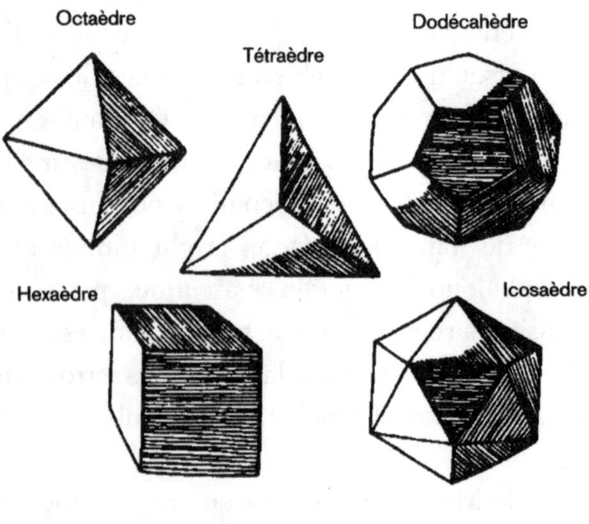

9-26 *Les cinq solides de Platon*

: le cube (ou hexaèdre) à six faces, huit arêtes et douze côtés ; le tétraèdre à quatre triangles équilatéraux, quatre arêtes et six côtés ; l'octaèdre, à six faces triangulaires, vingt arêtes et trente côtés ; et l'icosaèdre à vingt faces triangulaires, douze arêtes et trente côtés. Les critères déterminant les corps platoniciens sont que tous leurs côtés doivent être égaux, qu'ils doivent posséder une seule surface et un seul angle, et que les points doivent tous tenir sur la surface d'une sphère. On ne connaît que cinq formes satisfaisant à ces critères. Les corps platoniciens doivent leur appellation à Platon, même si Pythagore s'en servait deux cents ans auparavant ; il les appelait les solides parfaits.

Ces cinq figures géométriques sont d'une importance capitale. Elles représentent les composantes des champs d'énergie entourant notre corps. C'est un fait méconnu que quatre des cinq corps platoniciens nous viennent du Cube de Métatron. La plupart des auteurs de livres sur la géométrie sacrée ne semblent pas comprendre ceci, ni même le soupçonner.

Pour faire ressortir les corps platoniciens du Cube de Métatron, vous devez effacer certaines lignes. En enlevant des lignes d'une certaine manière, vous commencez par obtenir le cube illustré à la figure 9–27. C'est l'image du cube sur son extrémité ; c'est l'image en deux dimensions d'un objet tridimensionnel, montrant un cube inclus dans un cube selon des proportions très précises.

Si vous effacez encore d'autres lignes selon certaines indications, vous obtenez le tétraèdre illustré à la figure 9–28. Il s'agit en fait de deux tétraèdres dos à dos, ou d'une étoile

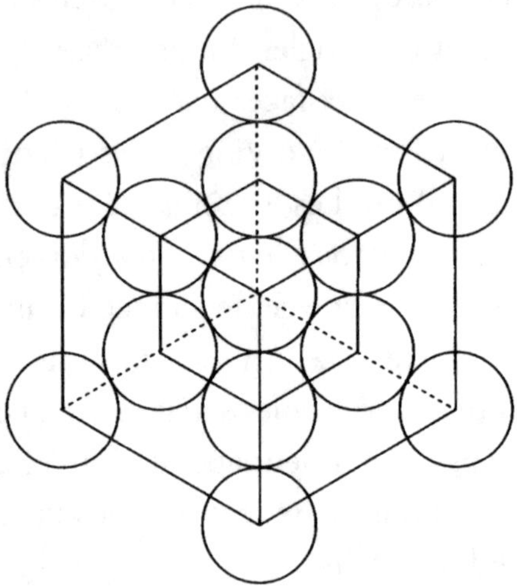

9-27 *Le cube extrait du Cube Métatron*

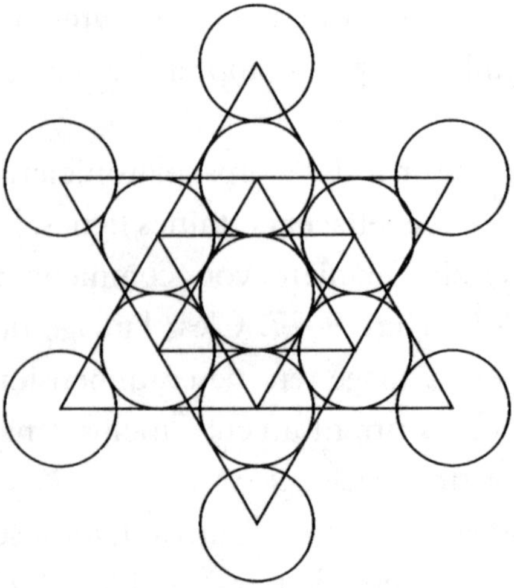

9-28 *L'étoile tétraédrique extraite du Cube Métatron*

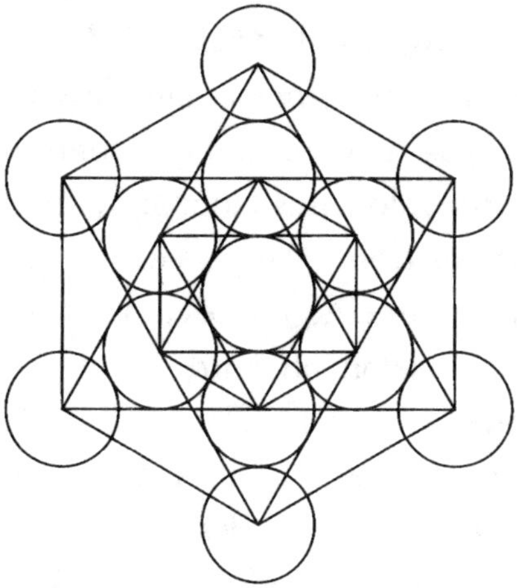

9-29 L'octaèdre extrait du Cube de Métatron

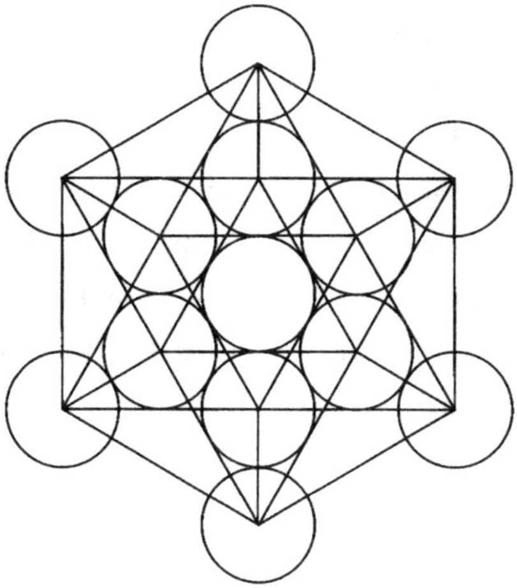

9-30 L'icosaèdre extrait du Cube de Métatron

tétraédrique. L'illustration 9–29 montre l'octaèdre, soit deux pyramides dos à dos, et l'illustration 9–30 montre l'icosaèdre. Le dodécaèdre est aussi inclus dans le Cube de Métatron, mais je n'ai pas encore appris comment on en fait l'extraction. Drunvalo a mis vingt ans pour y arriver — je ne m'en fais donc pas trop ! Dans les écoles anciennes d'Égypte et de l'Atlantide, ces cinq formes ainsi que la sphère étaient aussi catégorisées selon un autre point de vue. Les écoles anciennes représentaient aussi les éléments feu, terre, air, eau, et éther par des formes variables. Les formes des éléments correspondaient aux formes des corps platoniciens comme suit : le tétraèdre est relié au feu, le cube à la terre, l'octaèdre à l'air, l'icosaèdre à l'eau, et le dodécaèdre à l'éther, ou au prana. La sphère représente le Vide d'où tout est issu. Donc à partir de ces six formes, toutes choses peuvent être créées.

Les atomes, ces particules à partir desquelles la matière est formée, sont simplement des sphères avec des électrons tournoyant autour de leur noyau externe à une vitesse équivalant aux neuf dixièmes de la vitesse de la lumière. Cette rotation forme un nuage d'électrons, ressemblant à une sphère. Dans les cristaux, les atomes de différentes dimensions (sphères) se rangent pour donner un côté droit, un triangle, un tétraèdre, un cube, un octaèdre, un icosaèdre ou un dodécaèdre.

Les êtres humains

Même s'il ne semble pas qu'il en soit ainsi, nous ne sommes rien d'autre que des figures et des formes géométriques, au-dedans et au-dehors.

Avant la conception, l'ovule est une sphère. C'est la plus volumineuse cellule du corps humain, 200 fois plus grosse que la cellule moyenne. Elle est même assez volumineuse pour être observée à l'œil nu. Donc, l'ovule est une sphère à l'intérieur de laquelle se trouve une autre sphère, le pronucleus féminin. Elle contient la moitié des chromosomes destinés à l'être humain, soit vingt-deux plus un. La membrane (zona pellucida) entourant l'ovule possède une épaisseur intérieure et extérieure. Dans cette membrane se trouvent deux corps polaires.

La conception a lieu lorsque le spermatozoïde atteint l'ovule. Des centaines de spermatozoïdes sont nécessaires pour arriver à ce résultat. De ces centaines de spermatozoïdes, onze, douze ou treize travaillent ensemble en tant qu'unité. Par leur action totalement unifiée, un des spermatozoïdes réussit à pénétrer dans l'ovule. Puis, le spermatozoïde se divise à son extrémité et la tête forme alors une sphère de la même taille que celle du pronucleus féminin. Elles fusionnent ensuite pour former un vesica piscis. A ce moment, toute la connaissance universelle est contenue dans ces deux cellules fusionnées.

A l'étape suivante, le spermatozoïde et l'ovule s'interpénètrent et deviennent la cellule numéro un, le zygote humain. Il contient maintenant quarante-quatre plus deux chromosomes. La mitose suivante se produit ensuite (ill. 9–31), et les corps polaires se déplacent aux extrémités opposées de la cellule pour former les pôles nord et sud. Il se forme ensuite un tunnel qui semble sorti de nulle part. Les chromosomes se séparent, une moitié allant d'un côté du

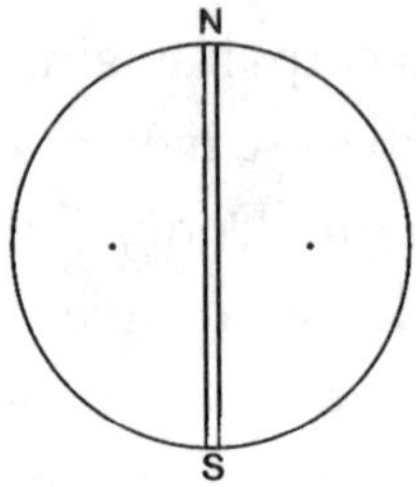

9-31 Le début de la mitose

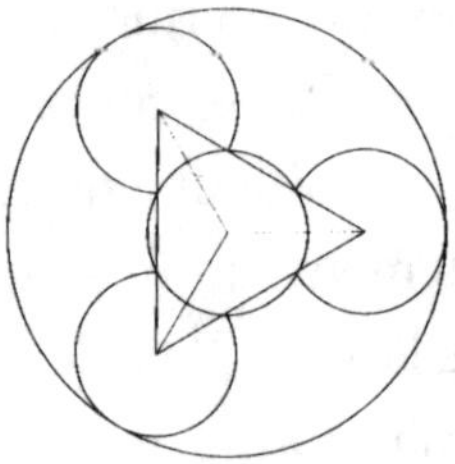

9-32 Le zygote se divise en quatre cellules et forme un tétraèdre à l'intérieur d'une sphère.

9-33 La division suivante donne huit cellules et une étoile tétraédrique

tunnel et l'autre moitié allant de l'autre côté. Les proportions actuelles du corps adulte ont ici leur origine ; une "petite personne" est déjà contenue dans la cellule originelle.

Le zygote se divise ensuite en quatre cellules et forme un tétraèdre à l'intérieur d'une sphère (ill. 9–32). La division suivante donne huit cellules et une étoile tétraédrique, qui est aussi un cube (ill. 9–33). C'est à ce moment que se situe l'OEuf de Vie. Les huit cellules semblent identiques de toutes les manières et se rapprochent plus de notre vraie réalité que nos enveloppes externes, ou corps humains. Ces huit cellules sont localisées dans le noyau géométrique du corps, à la base de l'épine dorsale, ou région du périnée, et sont immortelles par rapport à nos corps. Tous les champs d'énergie et les grilles entourant nos corps sont centrés sur ces huit cellules. Notre croissance s'effectue radicalement à partir de là.

Les huit premières cellules se divisent ensuite en huit autres cellules et forment un cube inclus dans un cube. Il s'agit de la dernière division cellulaire qui soit géométricalement symétrique. Lorsque vous passez de seize cellules à trente-deux, il y a deux espaces en plus, et lorsque vous passez de trente-deux à soixante-quatre, l'écart augmente encore, rendant le tout toujours plus asymétrique. L'embryon commence à se creuser et reprend la forme d'une sphère. Le pôle nord traverse la boule creuse, croît vers le bas et se connecte au pôle sud, formant un tube vide en son milieu qui se développe en spirale pour donner un tube torus. Une de ces extrémités devient la bouche et l'autre l'anus. A partir de ce moment, des différenciations importantes commencent à se produire. En d'autres mots, les caractéristiques d'une forme particulière de vie, qu'il s'agisse de celle des humains, des animaux, des insectes, ou de quoi que ce soit d'autre, commencent à prédominer.

Voici donc la séquence : la vie commence par un ovule ou une sphère, qui se transforme en tétraèdre, ensuite en étoile tétraédrique, ensuite en un cube, ensuite en une autre sphère, et ensuite en un torus.

Le Ratio Phi

Allons maintenant voir de plus près la géométrie de l'espace qui entoure nos corps. Le premier concept que j'aimerais aborder ici s'appelle le ratio phi. Il s'agit d'un nombre transcendantal, ce qui signifie qu'il ne se répète jamais. Il est estimée à 1.6180339, mais il ne s'arrête pas là ; il ne fait que se poursuivre sans fin. Ce qui rend le ratio phi intéressant, c'est qu'on le retrouve dans toutes les structures connues.

Le ratio phi est une proportion. Si vous avez une ligne (C) que vous coupez en A et B de telle manière qu'elle reflète précisément cette proportion, alors A divisé par B sera égal à C divisé par A, soit 1.6180339 (ill. 9–34).

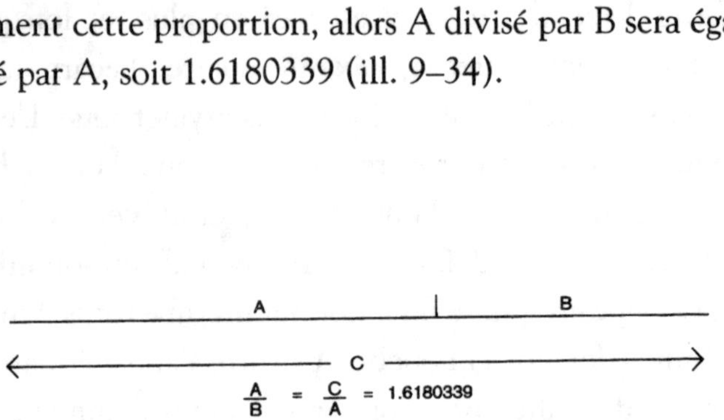

9-34 Le ratio phi

En vous référant à l'illustration 9–35, vous verrez comment on obtient le ratio phi. Vous commencez par un carré et vous tracez une ligne verticale en plein milieu, comme le montre le schéma ; vous tracez ensuite une diagonale (représentée par la ligne D du schéma) et, à l'aide d'un compas, vous pivotez la diagonale vers le bas. Ainsi, A divisé par B sera égal à C divisé par A, et la proportion obtenue sera de 1.6180339.

La structure osseuse de la vie biologique est basée sur le ratio phi. Par exemple, dans le corps humain, les os des doigts reposent tous sur le ratio phi. Le premier os du doigt est dans une proportion phi par rapport au second, de même que le second par rapport au troisième, etc. Ceci est aussi vrai en ce qui concerne les os des pieds et des jambes.

Toutes les lois sont contenues dans les proportions de nos corps eux-mêmes. L'image des champs qui entourent notre

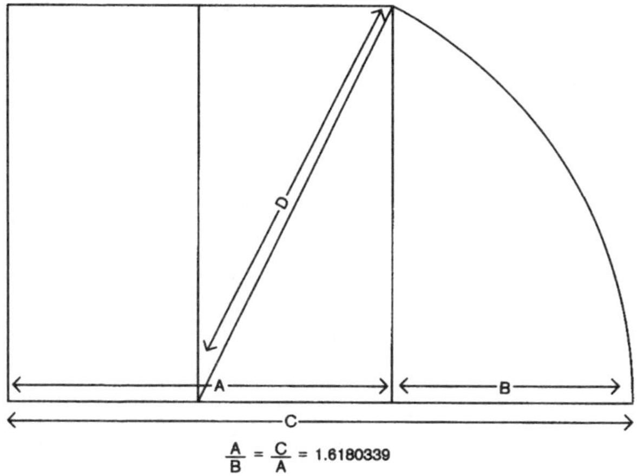

9-35 Comment on obtient le ratio phi

corps est la même que celle qui entoure toute chose et par laquelle tout a été créé.

Voyons maintenant le célèbre dessin de Léonard de Vinci "Proportions du corps humain" (ill. 9–36). Les bras sont étendus bien droit et les pieds bien à plat, ce qui forme un carré ou un cube encadrant le corps. Son centre est situé à la base de la colonne vertébrale, où se trouve les huit cellules originelles. Ces cellules forment aussi un cube minuscule à ce niveau. Vous avez donc un petit cube à l'intérieur de votre corps, à la base de l'épine dorsale, et un plus gros à l'extérieur, autour de votre corps.

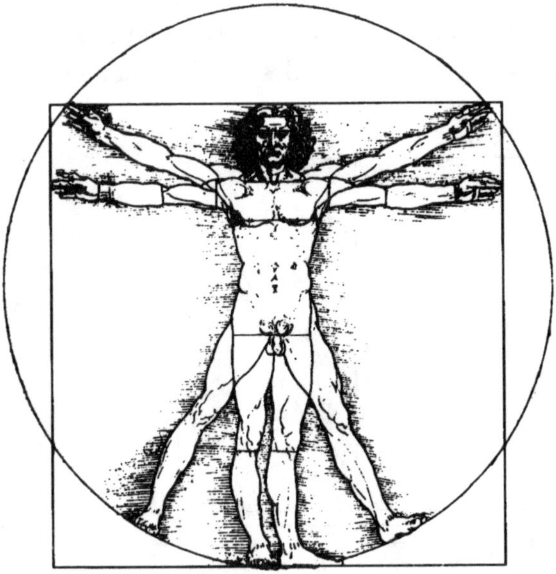

9-36 Proportion du corps humain

Si vous écartez les bras et les jambes de l'illustration, il se forme alors une sphère ou un cercle ayant le nombril pour centre. Le cercle et le carré entrent en contact aux pieds, et la distance entre le nombril et la base de l'épine dorsale représente exactement la moitié de la distance entre le dessus de la tête et la bordure du cercle. Si vous déplacez le centre du cercle du nombril jusqu'à la base de l'épine dorsale, vous obtenez l'image du ratio phi (ill. 9–37). Dans ce cas, vous l'obtenez lorsque le périmètre du carré et la circonférence du cercle sont égaux (ill. 9–38).

Ainsi, vous pouvez mettre un carré autour d'un corps avec un pôle nord-sud traversant en plein milieu et, à partir de là, obtenir mathématiquement le ratio phi.

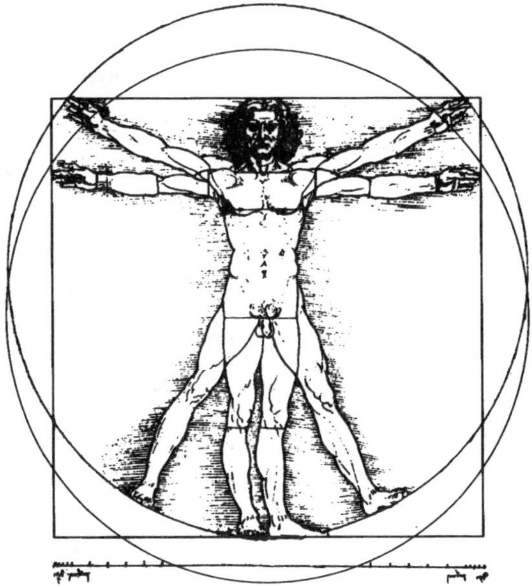

9-37 Dessin du ratio phi

LA SPIRALE

Revenons au carré qui encadre le corps avec une ligne verticale le traversant en son centre et une diagonale. Utilisez un compas pour faire pivoter la ligne diagonale et complétez le rectangle en prolongeant les deux lignes qui restent jusqu'à ce qu'elles se croisent. Vous obtenez ainsi le rectangle d'or (ill. 9–39).

Le rectangle d'or est tel que si vous prenez son côté le plus court et que vous tracez un carré, ce qui reste est un autre rectangle dans une proportion de 1,618 avec le premier ; il se reproduit à l'infini à l'intérieur et à l'extérieur (ill. 9–40). Ceci crée une spirale qui se reproduit infiniment vers l'extérieur et vers l'intérieur (ill. 9–40). La spirale est donc dérivée du rectangle d'or. Ce dernier possède deux champs : l'énergie masculine en tant que diagonale des carrés, et l'énergie féminine en tant que ligne courbe de la spirale.

LA SÉRIE RÉCURRENTE DE FIBONACCI

Léonard Fibonacci, un mathématicien du Moyen Age, observa un ordre particulier ou séquence dont la vie végétale se sert pour sa croissance et découvrit que cette proportion se retrouvait partout. La série récurrente de Fibonacci est la suivante : 1, 1, 2, 3, 5, 8, 13, 21, 34, 55, 89, 144, 233, etc. J'y ai déjà fait allusion lorsque nous avons expliqué le principe de croissance des plantes.

L'explication de cette séquence récurrente de vie a pour origine le rectangle d'or qui se déploie à l'infini vers l'intérieur et l'extérieur, sans commencement ni fin. La vie ne sait pas comment se comporter avec quelque chose qui n'a pas de commencement, car il n'y a pas de point de départ. Donc,

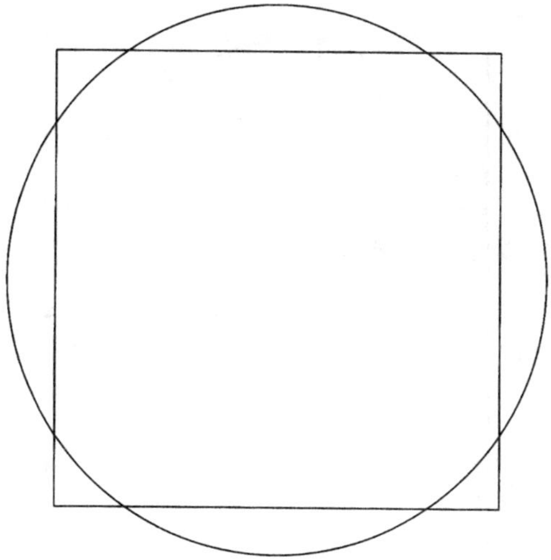

9-38 *Lorsque le périmètre du carré et la circonférence du cercle sont égaux, on obtient l'illustration du ratiophi*

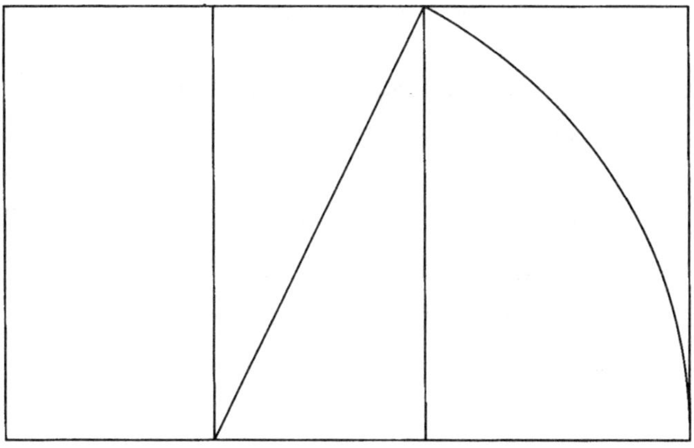

9-39 *Le rectangle d'or*

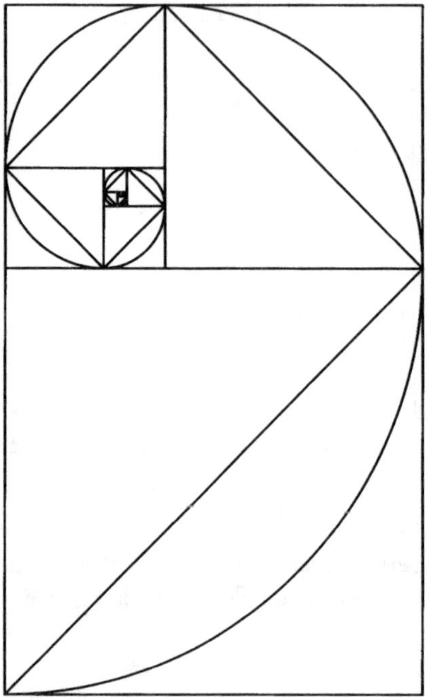

9-40 *Spirale — Rectangle d'Or*

cette séquence, connue sous l'appellation de série récurrente de Fibonacci, est la solution que la vie a apportée à ce problème.

Si vous divisez un énoncé de cette séquence par l'énoncé précédent, et ainsi de suite, vous verrez que vous vous rapprocherez rapidement du nombre transcendantal 1,6180339.

1 divisé par 1 = 1
2 divisé par 2 = 1
3 divisé par 2 = 1,5
5 divisé par 3 = 1,66

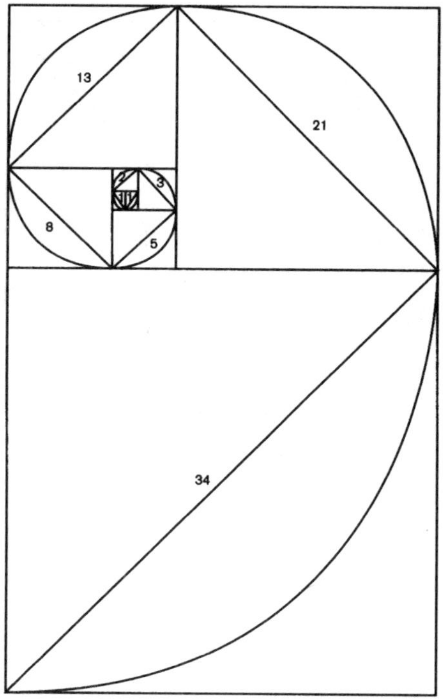

9-41 Spirale de Fibonacci

8 divisé par 5 = 1,60
13 divisé par 8 = 1,625
21 divisé par 13 = 1,615
34 divisé par 21 = 1,619
55 divisé par 34 = 1,617
89 divisé par 55 = 1,6181

A partir de ceci, vous pouvez constater que vous vous passez continuellement au-dessus et au-dessous du nombre transcendental 1,6180339 de façon séquentielle. Vous vous rapprochez toujours davantage de l'exact ratio phi de

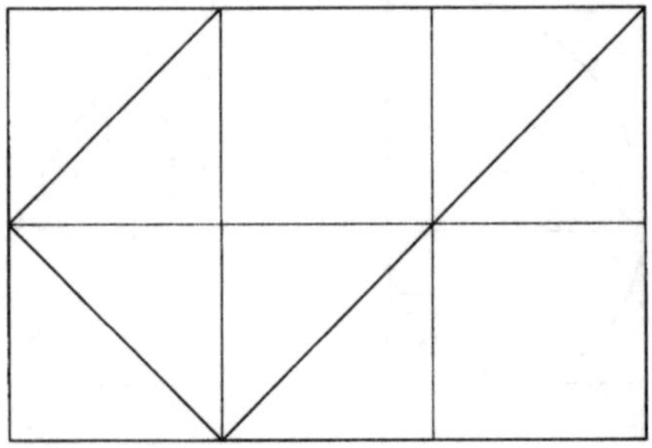

▲ Rectangle de Fibonacci

▼ Rectangle d'or

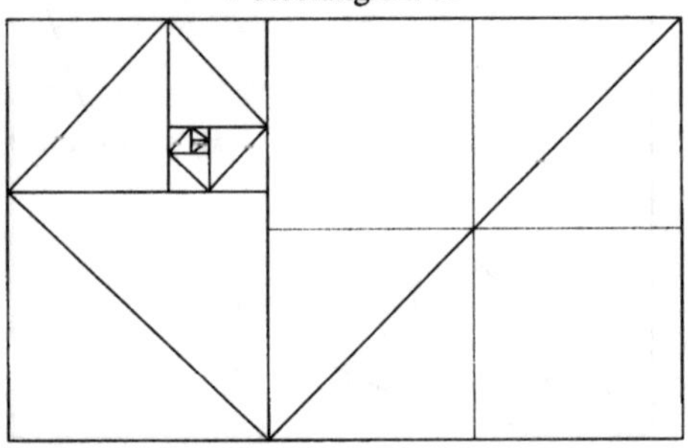

9-42 Rectangle d'or contre le rectangle de Fibonacci.

1,6180339, sans jamais vraiment l'atteindre. Cependant, vous vous retrouvez vite tellement proche de cette séquence que vous ne pouvez voir la différence. C'est la réponse de la vie face à une situation qui n'a ni commencement ni fin.

L'illustration 9–41 montre cette séquence d'une manière géométrique. Prenez comme unité de mesure la diagonale du premier carré, avancez d'une unité ; tournez ensuite à 90 degrés et avancez d'une autre unité ; tournez alors à 90 degrés et avancez de deux diagonales ; effectuez un autre tournant à

90 degrés et avancez de trois diagonales ; ensuite de 90 degrés et cinq diagonales, puis de 90 degrés et huit diagonales, etc. La spirale se déroule exactement comme elle le fait dans la nature.

L'illustration 9–42 montre la comparaison géométrique entre le rectangle d'or logarithmique d'une part et le rectangle de Fibonacci d'autre part. Le rectangle de Fibonacci est simplement composé de six carrés égaux. Il possède aussi un point de départ défini par rapport au rectangle d'or logarithmique qui, lui, n'a pas de commencement. Comme vous pouvez le constater, ils se rapprochent très rapidement l'un de l'autre.

Si on revient au dessin de Léonard de Vinci, on peut noter qu'il a tracé des lignes sur le corps, en différents endroits : sur les bras, sur les genoux, au centre, sur la poitrine, le cou, etc. Si vous prolongez ces lignes, vous allez créer une grille de huit par huit carrés, soit soixante-quatre carrés (ill. 9–43).

Les huit spirales d'énergie qui entourent le corps humain sont basées sur la série récurrente de Fibonacci. Ces spirales d'énergie entrent et convergent vers les huit carrés entourant les quatre carrés du centre (ill. 9–44).

L'illustration 9–45 montre les soixante-quatre carrés contenant les spirales d'énergie. Il y a deux types de spirale. L'illustration 9–46 nous en montre un type. Les huit carrés entourant les quatre carrés du centre en constituent les points de départ. Vous pouvez tracer n'importe laquelle de ces spirales en utilisant la séquence de Fibonacci de 1, 1, 2, 3, 5, 8, 13, etc. Il s'agit des "spirales de lumière blanche". Elles sont masculines, et leur support primaire est électrique.

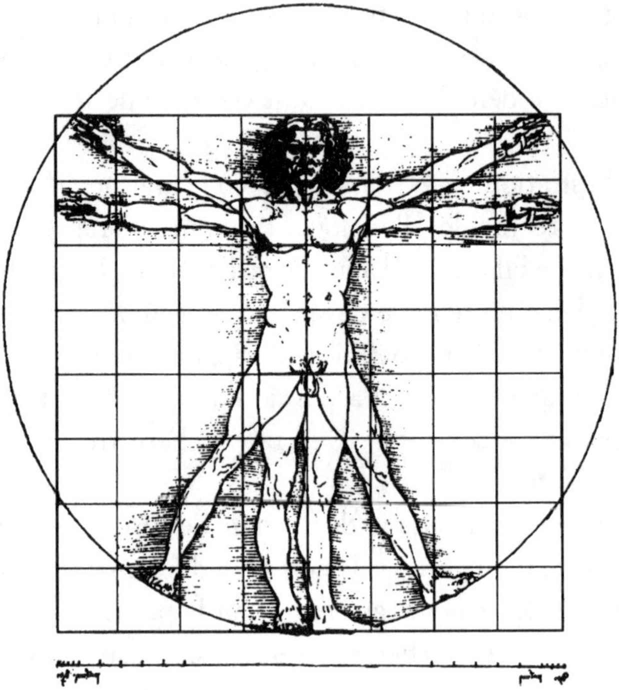

9-43 Grille huit par huit

Les spirales peuvent aussi aller dans l'autre sens, ainsi que le montre l'illustration 9–47. Si vous les tracez de cette façon, vous devez traverser le point central zéro ; il s'agit du Vide, ou du néant. On les appelle "spirales des ténèbres". Elles sont féminines, et leur support primaire est magnétique.

Vous pourriez aussi superposer les huit cellules originelles du zygote humain, ou de "l'OEuf de Vie", sur cette grille. De la conception à la vie adulte, cette géométrie s'applique à nous dans toute son exactitude.

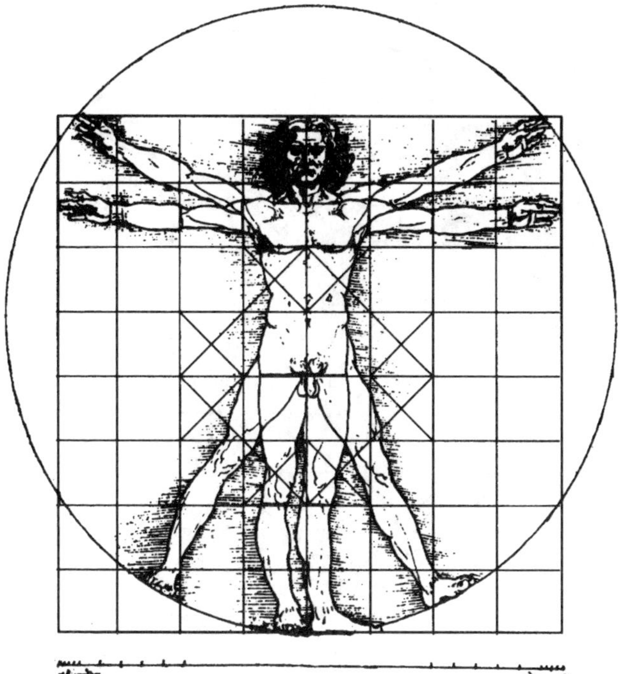

9-44 Les spirales d'énergie convergent vers les huit carrés entourant les quatre carrés du centre.

LES SYSTÈMES DE CHAKRAS

Les harmoniques du son et les systèmes de chakras de notre corps sont reliés dans la figure géométrique appelée "Œuf de Vie." Ainsi que le montre la figure 9–48, entre la troisième et la quatrième note de la gamme, et entre la septième et la huitième note, se trouvent des demi-tons. Personne ne semble savoir pourquoi. Certaines gens mentionnent aussi un passage ou un déplacement entre la quatrième et la cinquième note. Il y a là un schéma de

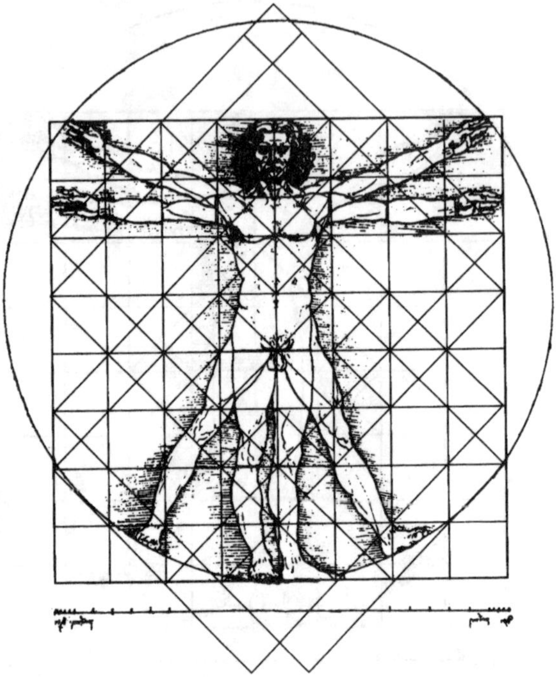

9-45 Les spirales d'énergie

réflexion. Un, deux, trois, demi-ton, quatre ; un, deux, trois, demi-ton, quatre — il y a véritablement deux ensembles de quatre. Un ensemble est de type féminin et l'autre de type masculin.

S'il existe des demi-tons entre mi et fa ainsi qu'entre si et do, et un passage entre fa et sol, c'est que le son peut s'expliquer à partir de l'OEuf de Vie (ill. 9–49). Lorsque le son arrive du dessous, il rencontre la sphère numéro un. De là, il peut se déplacer vers trois autres endroits de ce tétraèdre — de la sphère un à la sphère deux, puis vers la sphère trois ; il

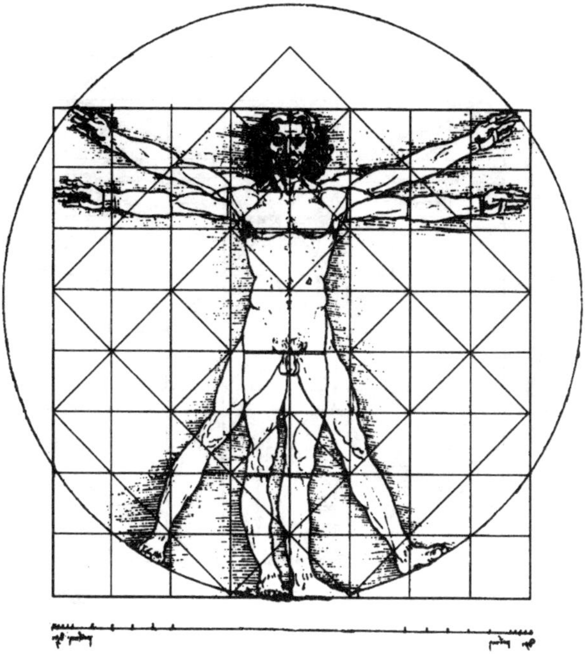

9-46 Les spirales de lumière blanche, de nature mâle, leur médium primaire est électrique

se déplace dans un triangle — sur un plan fixe dans la même direction. Ensuite, pour que la fréquence du son puisse passer à la quatrième sphère, il doit changer de direction. La quatrième sphère se trouve directement derrière la sphère numéro cinq. Parce que la fréquence change de direction, elle semble voyager sur une plus courte distance, ce qui explique le demi-ton, de la même manière que l'ombre d'une ligne semble raccourcir lorsqu'elle change de direction. La fréquence du son a maintenant parcouru le premier tétraèdre et elle entre dans le second. Pour ce faire, elle doit traverser

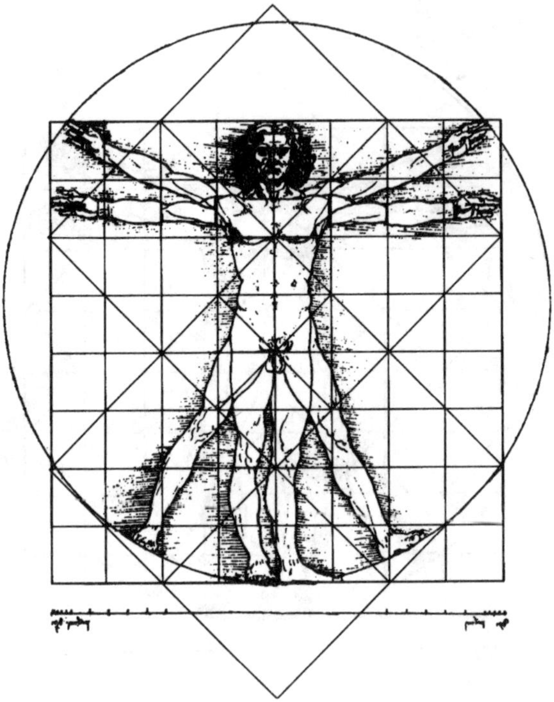

9-47 *Les spirales des ténèbres, de nature femelle, leur médium primaire est magnétique.*

le vide qui se trouve au centre de l'OEuf de Vie, le Néant, pour atteindre la sphère numéro cinq. Le son change de polarité lorsqu'il se déplace vers le second tétraèdre, de masculin à féminin, ou de féminin à masculin. Il se dirige alors vers les sphères numéros six et sept sur un plan fixe, où il doit effectuer un autre demi-ton afin de se déplacer vers la sphère numéro huit.

Le système des chakras en huit points, tel que le décrit Drunvalo, est similaire au mouvement des huit notes de la gamme ; cependant, le système des chakras du corps humain

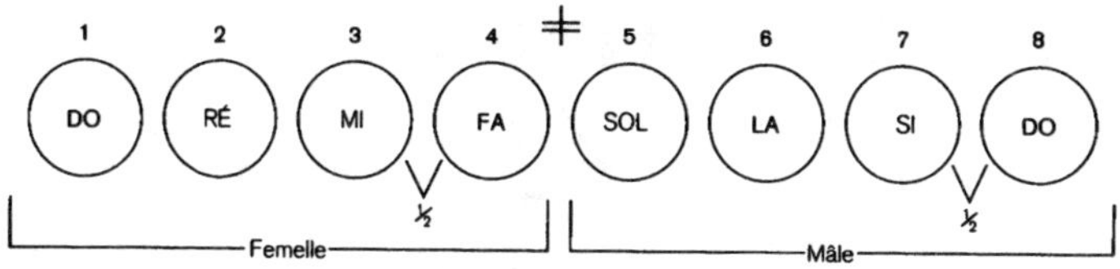

9-48 *Les harmoniques du son*

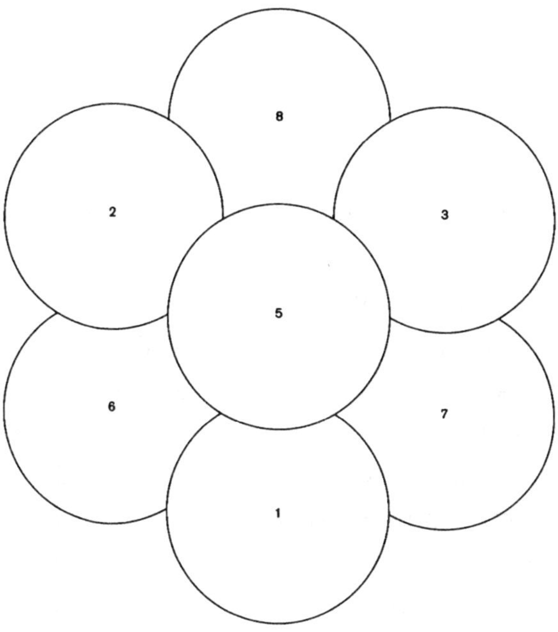

9-49 *Comment le son est relié à l'Œuf de Vie.*

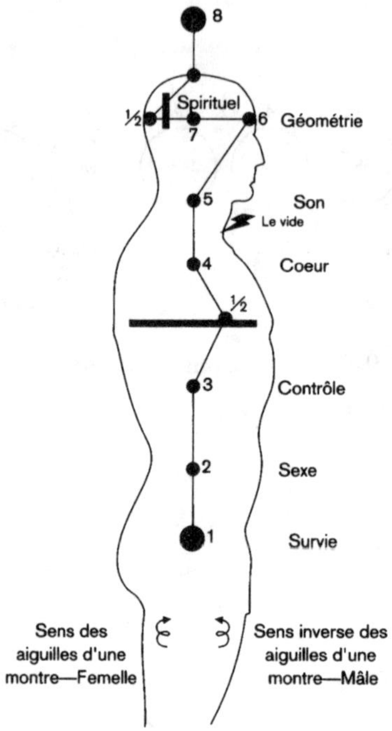

9-50 Les systèmes de chakras en huit points.

nous révèle le dessin de l'OEuf de Vie. Les chakras partent de la base de l'épine dorsale et montent jusqu'au-dessus de la tête (ill. 9–50). Selon Drunvalo, c'est là un système hindou ou tibétain et il est grandement simplifié. Drunvalo affirme que nous avons aussi des systèmes de chakras au-dessus et au-dessous de notre corps. Le système sous nos pieds représente le niveau de conscience d'où nous venons, et celui au-dessus de notre tête représente le niveau suivant, celui vers lequel nous nous dirigeons. Ils se mesurent selon le ratio phi. Le système du bas est très court et celui du haut très long.

Les demi-tons que nous avons observés dans la gamme se retrouvent dans les systèmes de chakras. Les chakras sont semblables à des lentilles à travers lesquelles nous interprétons la réalité. Par exemple, lorsqu'un nouvel esprit s'incarne, il n'est préoccupé que de sa survie — la capacité de se maintenir ici au troisième niveau dimensionnel. L'étape suivante pour cet esprit consiste à établir des contacts physiques avec les autres individus. Le premier contact s'établit avec la mère et, plus tard, il deviendra sexuel. Lorsque vous vous êtes affirmés et que vous avez établi un contact sexuel, le contrôle s'établit. Ceci est représenté par les trois premiers chakras de la base ; il y a ensuite une grande muraille et un changement de direction d'un demi-espace. Vous ne pouvez passer cette muraille tant que vous n'avez pas réussi à maîtriser ces trois chakras. Une fois que vous les avez traversés, vous arrivez au quatrième chakra de ce système, qui est le cœur. Le cinquième se trouve à la gorge et est relié à la musique ; le sixième, situé entre les yeux, est relié à la géométrie, et le septième, localisé à la glande pinéale, est ce qu'on appelle le "troisième œil". A ce niveau se trouve une autre muraille accompagnée d'un autre changement de direction de la valeur d'un demi-espace. Ceci nous mène au huitième chakra situé au-dessus de la tête et vise la prochaine phase de l'évolution de notre conscience.

Le système en huit points représente seulement les notes blanches de la gamme et, comme je l'ai déjà mentionné, Drunvalo nous a affirmé qu'il s'agissait d'un système grandement simplifié. Ainsi, il y a cinq notes noires, ou aiguës et graves, dans la gamme. En réalité, il existe douze

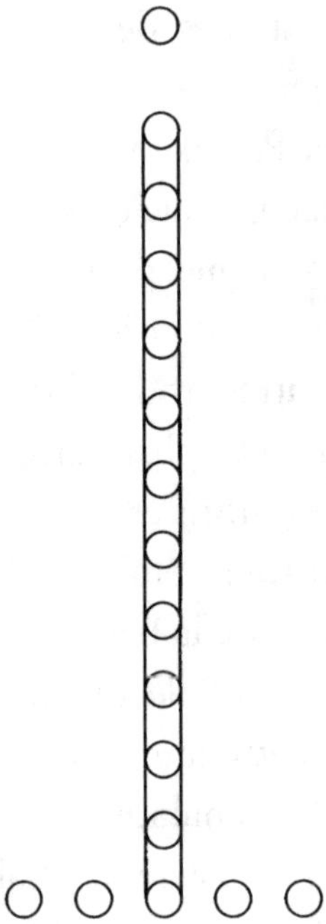

9-51 Les systèmes de chakras en douze points.

chakras et celui qui se trouve au-dessus de la tête représente le treizième (ill. 9–51). Chacun des douze chakras comporte cinq sous-chakras à chaque point, pour un total de soixante points. Chacun de ces douze groupes de cinq est séparé par 90 degrés.

Un tunnel droit traverse le corps, parfaitement droit comme un tube fluorescent ; il prend son point de départ au périnée, à la base de l'épine dorsale, et monte jusqu'à la partie tendre de la tête. Les douze points des chakras sont répartis le long de cette ligne, séparés d'environ 7,23 centimètres, ce qui équivaut à la largeur de paume d'une main moyenne ou encore à la distance entre le bout de votre nez et le bout de votre menton.

L'énergie se déplace en tournoyant à travers les systèmes de chakras, effectuant un mouvement de 90 degrés lorsqu'elle se déplace d'un chakra à l'autre. Au niveau du chakra de la base (ill. 9–52), les cinq canaux pointent vers le devant en une rangée droite. L'ouverture du vagin représente un vesica piscis et la petite ouverture du pénis représente aussi un vesica piscis. Toute l'énergie produite par ces cinq points circule du devant vers l'arrière. Lorsque l'énergie monte de 7,23 centimètres vers le deuxième chakra et les ovaires, elle dévie de 90 degrés. 7,23 centimètres plus haut (suite à une autre déviation de 90 degrés) se trouve le nombril. C'est l'endroit où était relié le cordon ombilical. L'énergie circule ici en allant de l'arrière vers l'avant, à l'inverse du chakra de la base. Lorsque nous montons encore vers le plexus solaire, représentant aussi un vesica piscis, l'énergie irradie encore d'un côté à l'autre, comme pour la région des ovaires. Au niveau suivant se trouve le sternum qui représente un point spécial affilié avec le cercle (ill. 9–53). Au cinquième chakra se situe le premier lieu de retour ; il a ceci de particulier qu'il contient tous les mouvements précédents à la fois. L'énergie a accompli une rotation complète de 360 degrés et parcouru toutes les directions. Ainsi, la poitrine est orientée vers l'avant mais elle est en plus séparée sur les côtés. C'est le point de conscience christique. Il est situé à une latitude de 19,5 degrés du corps et forme une croix. Au sixième point se trouve le cœur ; au septième, la pomme d'Adam ; au

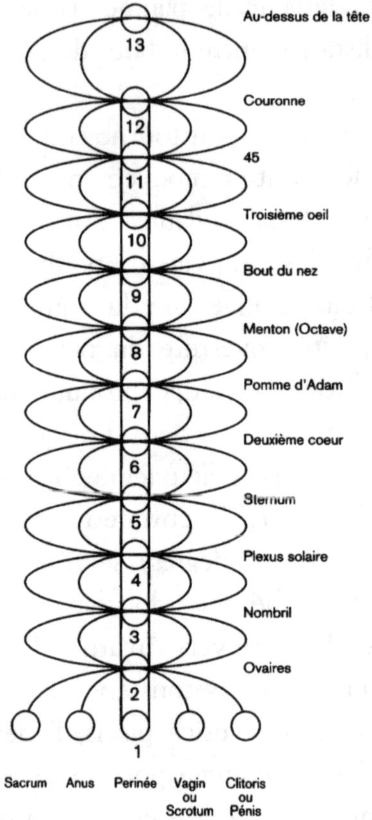

9-52

huitième, le menton. Vous passez alors à un autre octave et l'énergie traverse la tête. Les traits du visage qui correspondent aux chakras de la tête commencent par le menton. L'énergie part du menton et monte en vrille à 90 degrés jusqu'à la bouche (énergie se déplaçant d'une extrémité à l'autre), ensuite jusqu'au nez (énergie se déplaçant de l'avant vers l'arrière), puis jusqu'aux yeux (énergie se déplaçant d'une extrémité à l'autre), et ensuite jusqu'au troisième œil où, à nouveau, elle achève une rotation de 360 degrés.

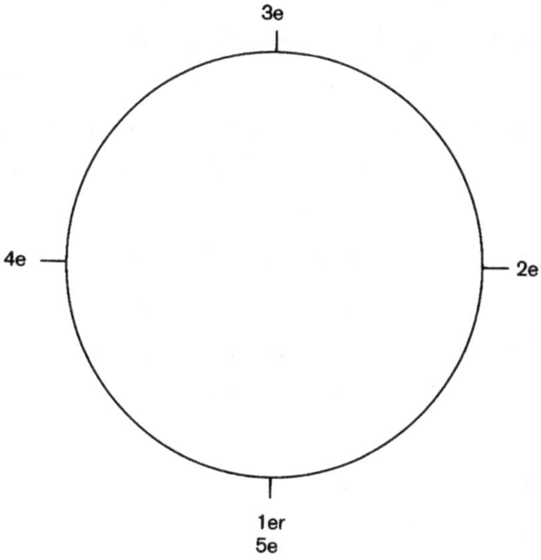

9-53 Le cinquième chakra — le sternum
L'énergie a accompli une rotation complète de 360 degrés et expérimenté toutes les directions.

Les points de chakras externes

Nous avons aussi des points de chakras externes dans l'espace qui entoure notre corps. Nous sommes entourés par une forme qui a l'aspect d'une étoile tétraédrique sur laquelle se trouvent huit points de chakras externes (ill. 9–54). Si vous preniez une photographie des points internes, vous verriez qu'ils sont identiques aux points externes. Les points externes bougent à l'unisson tout comme les points internes.

Ainsi, nos systèmes de chakras possèdent à la fois un aspect interne et un aspect externe.

Dans les composantes de l'étoile tétraédrique qui enveloppe notre corps, le tétraèdre pointant en haut vers le ciel est de nature masculine, et le tétraèdre pointant en bas vers la Terre est de nature féminine (ill. 9–54). Ceci s'applique autant aux hommes qu'aux femmes. Une personne ne peut s'insérer que de deux manières à l'intérieur d'une étoile tétraédrique. Si le point de la base du tétraèdre mâle est à l'avant, la nature masculine s'y ajuste, et si le point de la base du tétraèdre féminin est à l'avant, la nature féminine s'ajuste. L'étoile tétraédrique est reliée au centre du corps à la base de l'épine dorsale. Si vous sautez, l'étoile tétraédrique externe s'élève avec vous, et si vous vous asseyez, elle s'abaisse avec vous.

L'illustration 9–54 démontre comment, en deux dimensions, l'aspect masculin s'ajuste à l'intérieur de l'étoile tétraédrique. Si ce dessin représentait un aspect féminin, il nous le représenterait de dos. L'illustration 9–55 nous montre par une vue en plongée comment les aspects masculin et féminin s'ajusteraient à l'intérieur de l'étoile tétraédrique.

L'ŒIL

Drunvalo a dessiné la structure morphogénétique de l'œil, qu'il s'agisse de l'œil humain ou de celui de toute autre créature. Il la considère comme étant son schéma le plus important (ill. 9–56). La structure oculaire est identique à la structure même de la lumière ; elle contient toute la structure électromagnétique. Cette structure est aussi révélatrice de la

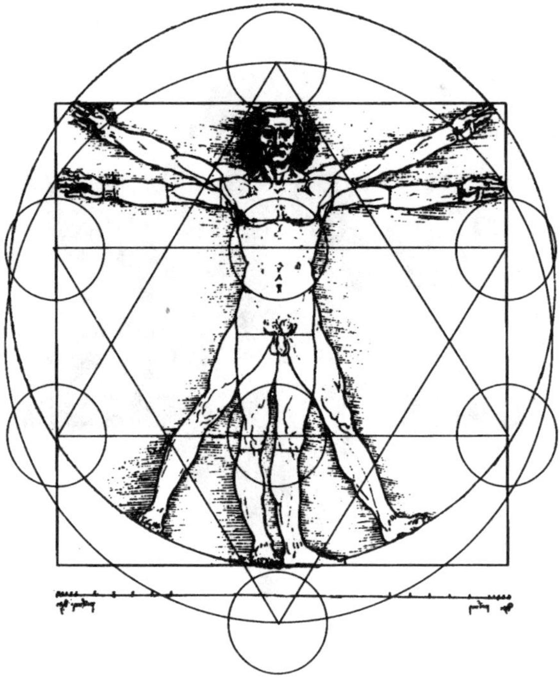

9-54 *Les points de chakras externes*

géométrie des vesica piscis. A l'intérieur de ceux-ci, il y a deux triangles équilatéraux. La base convergente de ces triangles représente la largeur des vesica piscis et la ligne qui les traverse en plein centre en représente la longueur. Si vous faites pivoter de 90 degrés la longueur du premier vesica piscis, il devient la représentation de la largeur du suivant en importance. Si vous faites pivoter encore une fois ce vesica piscis de 90 degrés, sa longueur deviendra encore la largeur de celui qui suivra en importance, et ainsi de suite. On peut répéter ceci à l'infini, vers l'intérieur ou vers l'extérieur.

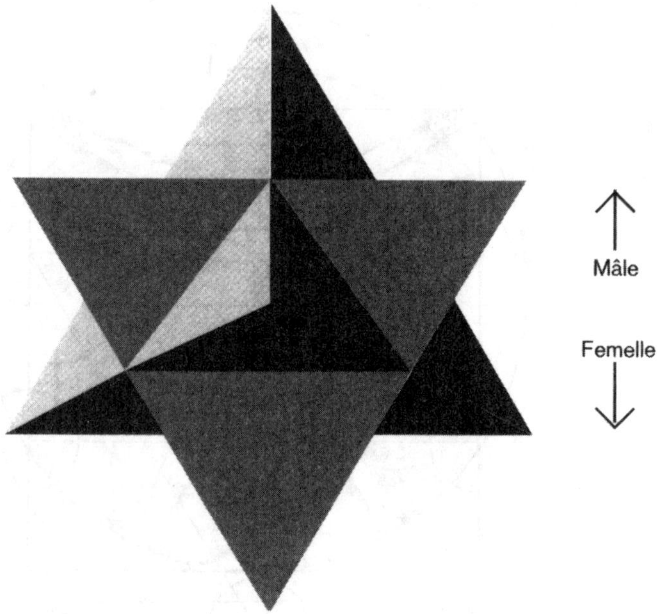

9-55 Une vue en plongée de l'ajustement des aspects mâle et femelle à l'intérieur de l'étoile tétraédrique

Le champ électromagnétique, ou la lumière, est un champ électrique accompagné d'un champ magnétique se déplaçant de 90 degrés par rapport à lui (ill. 9–57). Le champ électrique décrit un mouvement ondulatoire et le champ magnétique se déplace à 90 degrés de cette onde, et l'ensemble effectue une rotation en se déplaçant à travers l'espace (ill. 9–58). Drunvalo nous prédit que les scientifiques feront la découverte que, dans tout champ électromagnétique, l'aspect électrique représente la longueur du premier vesica piscis et l'aspect magnétique sa largeur, et qu'ils sont en proportion les

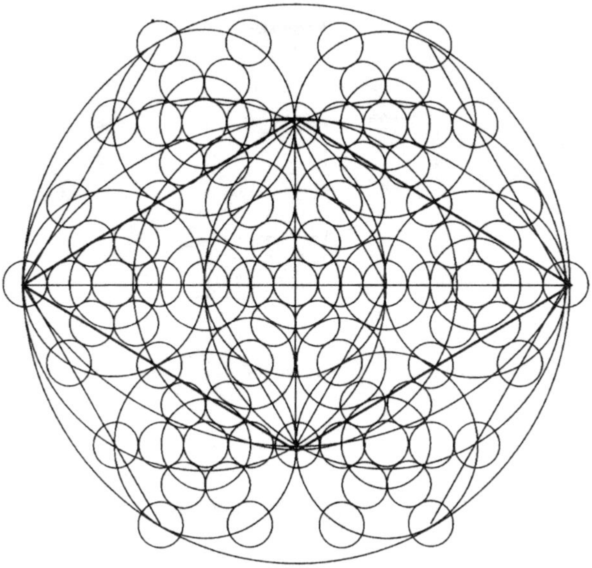

9-56 *La structure morphogène de tout œil.*

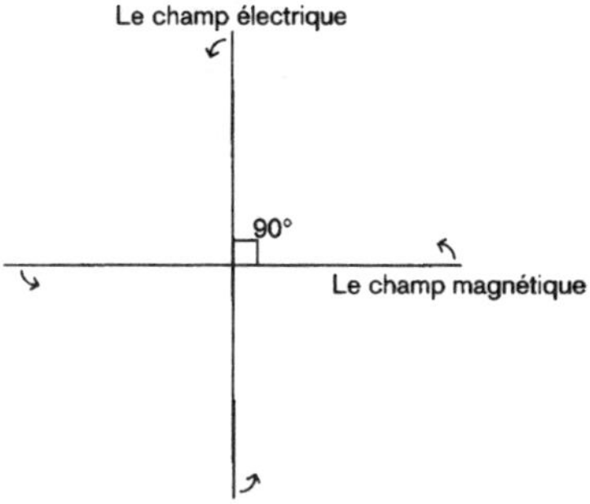

9-57 *Le champ électromagnétique.*

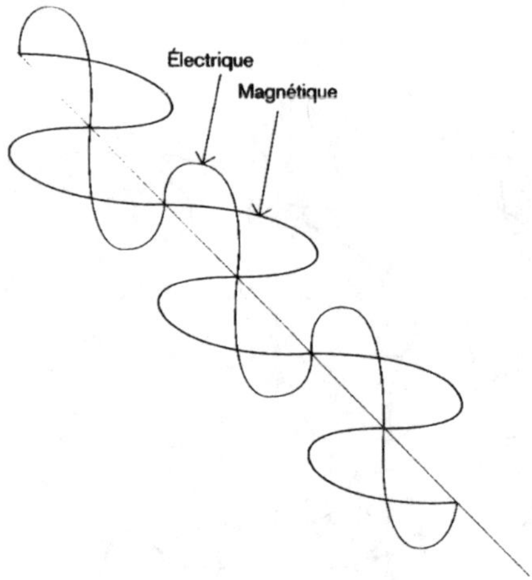

9-58 *Le champ électromagnétique*.

uns avec les autres. Ces deux aspects effectuent une rotation de 90 degrés en tournoyant, tout comme les vesica piscis. Les spirales logarithmiques utilisent aussi les spirales électromagnétiques d'énergie pour se déplacer. Le champ de lumière lui-même, ainsi que l'œil qui le capte, suivent la même structure géométrique car le récepteur doit être sur la même longueur d'onde que l'émetteur. Notre corps tout entier est sur la même longueur d'onde que le son, la vibration, la musique et la lumière.

Notes

[1]. Stan Tenen, “Geometric Metaphors of Life”, vidéocassette (108 minutes), 1990. The MERU Foundation, P.O. Box 1738, San Anselmo, CA 94979.

10

L'ŒIL GAUCHE D'HORUS

"L'œil gauche d'Horus" était un enseignement sur le corps émotionnel donné pendant une période de douze ans aux Égyptiens qui aspiraient à devenir des initiés. Cette formation traitait surtout des diverses émotions, des sentiments, des peurs, et des aspects tant positifs que négatifs des différents chakras. En Égypte, tous les temples étaient construits en fonction de l'enseignement de "l'œil gauche d'Horus". Pendant ce cours, les initiés travaillaient en relation avec divers aspects de la nature humaine. A chaque chakra est reliée une peur spécifique, et chacun des douze principaux temples d'Égypte traitait d'une peur reliée à un chakra spécifique.

Drunvalo rapporte que dans le temple traitant des peurs associées au deuxième chakra, il y a une énorme cavité dans le sol (ill. 10-1). Même les guides égyptiens contemporains disent aux touristes que cette cavité faisait partie du processus d'entraînement pour les initiés qui y étaient formés. Un initié devait entrer dans ce trou, qui était rempli d'eau. On plaçait d'énormes pierres dans la cavité, et il devait prendre soin de ne pas les heurter. L'entraînement consistait à atteindre le fond de la cavité, à passer par une petite ouverture et à ressortir de l'autre côté.

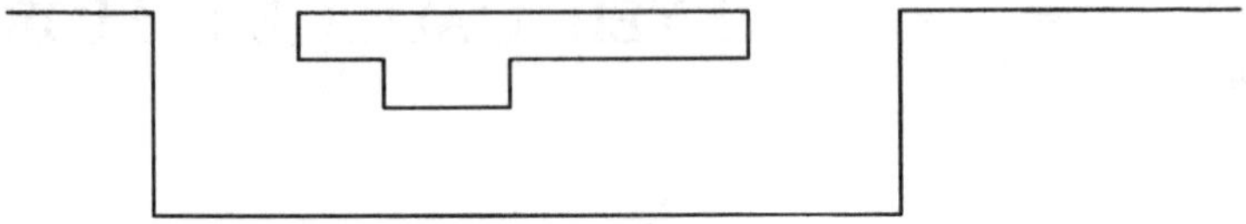

10-1 La cavité dans le sol

Ceci ne semble pas si terrible, mais nous n'avons pas le tableau complet de ce que les initiés accomplissaient là. Les égyptologues savent simplement, d'après les récits anciens, qu'il y avait de l'eau dans le trou et que ceci faisait partie d'un apprentissage, mais ils ne connaissent pas vraiment les données exactes. Drunvalo demanda plus d'informations à Thoth sur la vraie initiation, et Thoth lui donna les explications suivantes.

L'ensemble des parties du temple était défini de telle manière que l'initiation commençait à un niveau beaucoup plus élevé que celui du trou creusé dans le sol. Les aspirants ne voyaient au début que trois marches menant à l'eau, puis un mur très élevé situé de l'autre côté de la cavité (ill. 10-2). Les initiés devaient descendre les trois marches et entrer dans l'eau, et ensuite traverser d'un seul souffle jusqu'à l'issue qui se trouvait de l'autre côté. Ils devaient se déplacer lentement à cause de l'obscurité et aussi à cause des obstacles. Ils nageaient donc jusqu'au fond de la cavité ; là, ils trouvaient

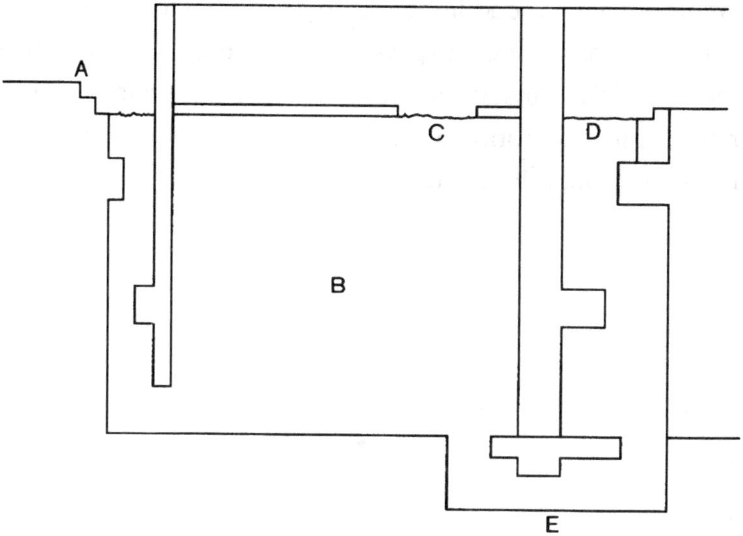

10-2 Enseignement de l'Oeil gauche d'Horus.
A- l'initié part d'ici. B- réservoir plein de crocodiles.
C- la mauvaise issue. D- La bonne issue.
E- Illustration 10-1- La cavité dans le sol

un passage menant à un énorme réservoir. Ce réservoir était éclairé afin qu'ils puissent le voir, et il était plein de crocodiles. A ce niveau, les initiés pouvaient apercevoir une ouverture au-dessus du réservoir. Ce qu'ils faisaient presque toujours, selon Thoth, était de dépasser les crocodiles pour aller directement à l'ouverture.

Le seul problème, c'est qu'en agissant ainsi, ils échouaient et, par conséquent, devaient recommencer l'épreuve. La seconde fois, les initiés connaissaient deux éléments : ils savaient que l'ouverture qu'ils avaient aperçue n'était pas la bonne et que le réservoir était plein de crocodiles. Le fait d'avoir vu les crocodiles bien en chair devant eux devait probablement rendre l'expérience encore plus effrayante la seconde fois. A l'instant le plus terrifiant, ils devaient plonger encore plus profondément dans le réservoir rempli de crocodiles pour aller ressortir de l'autre côté.

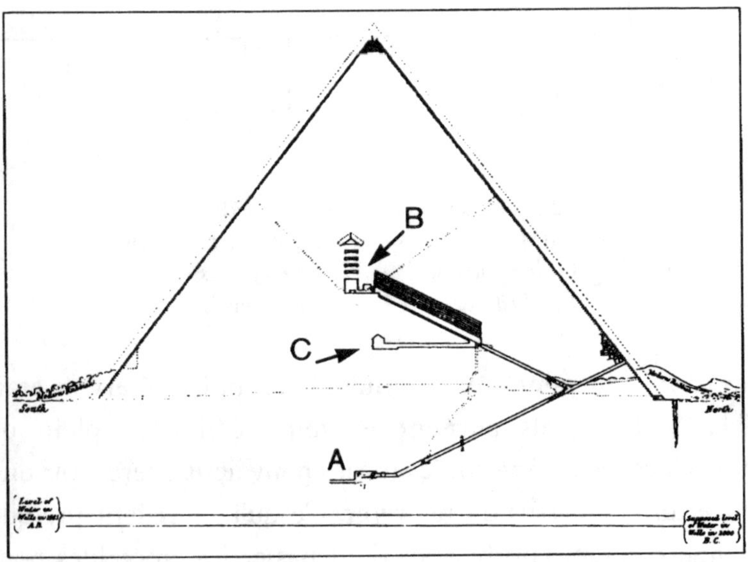

10-3 Initiation dans la Grande Pyramide.
L'initiation commence sous la Grande Pyramide (A),
se déplace ensuite vers la Chambre du Roi (B),
et enfin vers la Chambre de la Reine (C).

La Grande Pyramide

Après douze ans de formation de "l'œil gauche d'Horus" (apprentissage en rapport avec le corps émotionnel) et douze autres années de formation de "l'œil droit d'Horus" (apprentissage en rapport avec la conscience de l'Un), les aspirants descendaient dans la Grande Pyramide pour y subir l'initiation ultime, d'une durée de trois jours et demi.

Thoth affirme que les pyramides ont été construites spécialement pour faire passer un individu du deuxième niveau de conscience (où nous sommes actuellement) au troisième, celui de la conscience christique. La Grande Pyramide est une salle d'initiation.

Les chambres du Roi et de la Reine qui se trouvent à l'intérieur de la Grande Pyramide ont été appelées ainsi par les Muslims à cause de la disposition suggestive de ces chambres. Le plafond de la Chambre du Roi est plat et les Muslims enterraient les hommes sous des plafonds plats. La Chambre de la Reine a un plafond incliné et les Muslims enterraient les femmes sous des plafonds semblables. D'après Drunvalo, ces chambres n'avaient rien à voir avec les funérailles — il s'agissait de chambres d'initiation, un point c'est tout.

L'initiation ne commençait pas à l'intérieur de la Grande Pyramide. Elle commençait sous elle. Le processus d'initiation avait pour point de départ le dessous de la Grande Pyramide, se déplaçait ensuite vers la Chambre du Roi et, enfin, vers la Chambre de la Reine (ill. 10-3). Si l'initiation commençait sous la Grande Pyramide, c'est que les initiés devaient d'abord affronter la spirale de la "lumière des ténèbres" qui descend jusqu'au centre de la Terre ainsi que dans les "Salles d'Amenti". On trouve encore de nos jours un tel tunnel sous la Grande Pyramide, tunnel qui a l'air d'aboutir nulle part. Actuellement, personne ne semble savoir pourquoi.

Selon Drunvalo, le tunnel représente le point où la spirale de la lumière des ténèbres doit se relier au point le plus proche après être passée par le point zéro, ou Grand Vide. En fait, ce tunnel représente la chambre d'initiation à la spirale de la lumière des ténèbres. A l'intérieur de ce tunnel, toutes les pensées se matérialisent, car il s'agit d'un espace appartenant véritablement à la quatrième dimension. Plusieurs personnes y ont perdu la vie après y avoir matérialisé leurs peurs. Ce tunnel a été le témoin de tant d'événements insolites que, depuis quelques années, le gouvernement égyptien en interdit l'accès aux touristes. Excellente décision — car les touristes ne savent habituellement pas comment se comporter lorsqu'ils se retrouvent dans la quatrième dimension !

C'est dans ce tunnel que prend place la première phase de l'initiation de la conscience christique, qui représente en elle-même une manière totalement différente d'interpréter la réalité. De là, le rituel d'initiation se déplace vers la Chambre du Roi. Cette dernière est conçue pour capter la spirale de la lumière blanche à sa source et à en séparer par filtration la lumière des ténèbres. La Chambre du Roi semble décentrée mais, dans cette salle, le sarcophage est placé de telle manière que, si vous êtes étendu à l'intérieur de ce dernier, la spirale de la "lumière blanche" passe directement à travers votre glande pinéale. Les initiés restaient étendus dans le sarcophage pour une période de trois jours et demi, quittaient le monde tridimensionnel et vivaient une incroyable expansion de la conscience. Ils pouvaient ensuite retrouver le chemin menant vers leur corps parce qu'ils se servaient des principes de la spirale de Fibonacci plutôt que de la spirale d'or logarithmique. Comme il a déjà été dit plus haut, la spirale logarithmique n'a ni commencement ni fin, tandis que la spirale de Fibonacci possède un point de départ. Les initiés pouvaient retracer le chemin les ramenant à l'intérieur de leur corps grâce au fait qu'ils possédaient un point de référence dans la spirale de Fibonacci.

Après cette transformation déconcertante de lui-même et de la réalité, l'initié se rendait à la Chambre de la Reine, qui servait de chambre stabilisatrice. Une fois qu'un individu avait passé avec succès l'expérimentation de la Chambre du Roi, il avait subi de grandes transformations et avait besoin d'être apaisé. C'était cela la Chambre de la Reine : un sanctuaire où s'opérait la stabilisation de la conscience christique.

A l'origine, lorsque les archéologues ouvrirent le sarcophage de la Chambre du Roi, ils y trouvèrent une étrange poudre blanche cristalline qu'ils recueillirent afin de l'analyser. Cette poudre se trouve maintenant au British Museum. Personne ne savait de quoi il s'agissait jusqu'à tout dernièrement, et l'explication a surpris tout le monde. Les scientifiques ont récemment découvert que lorsqu'une personne se trouve dans un profond état méditatif, sa glande pituitaire sécrète un produit chimique qui cristallise ensuite pour former une poudre. Le sarcophage de la Chambre du Roi contenait une assez grande quantité de cette poudre, ce qui démontrait qu'il y a probablement eu de nombreuses initiations en cet endroit.

Beaucoup ont émis la théorie que la Grande Pyramide servait de tombeau. Cependant, il existe plusieurs preuves montrant qu'il ne s'agissait pas du tout d'un tombeau, mais plutôt d'un lieu initiatique. Sans exception, à chaque fois qu'un personnage important mourait au temps de l'ancienne Égypte, les prêtres recueillaient le cœur et divers autres organes, et ils les déposaient dans quatre jarres. Ils embaumaient le corps, le déposaient dans un sarcophage, en fermaient le dessus et le scellaient. Le corps était ensuite transporté dans un lieu funéraire. Notons que le sarcophage de la Chambre du Roi est plus large que la porte ; il aurait donc dû être installé à cet endroit au cours de la construction de la salle, ce qui n'était pas du tout la coutume pour les funérailles.

11

LES SALLES DES ARCHIVES

Selon le célèbre médium Edgar Cayce, l'ouverture menant aux salles des archives, qui contiennent l'histoire de la Terre, sera découverte à l'intérieur de la patte droite du Grand Sphinx. Cet endroit a été identifié géométriquement de façon très précise. Selon l'illustration 11-1, si vous divisez en deux parties égales le rectangle d'or qui entoure la spirale du plateau de Gizeh, vous constaterez que cette ligne passe très précisément à travers la coiffe du Sphinx. De plus, une ligne prolongée depuis le côté sud de la pyramide centrale et la ligne coupant le rectangle d'or central forment une croix qui marque un endroit tout à fait particulier sur l'épaule droite du Sphinx.

Le Sphinx subit actuellement des rénovations majeures, et l'un des problèmes est que la patte droite — dans la région déterminée par le croisement des lignes — continue à s'ébrécher. Les Égyptiens ont tenté de consolider le tout afin de le maintenir en place. La tête aussi part en morceaux. Il y a de cela six ou sept ans, Thoth confia à Drunvalo que la tête du Sphinx va effectivement se détacher et que, au niveau du cou, on trouvera un grande sphère en or qui est une capsule de temps. Les Égyptiens font le maximum pour empêcher la tête et le cou de se détacher.

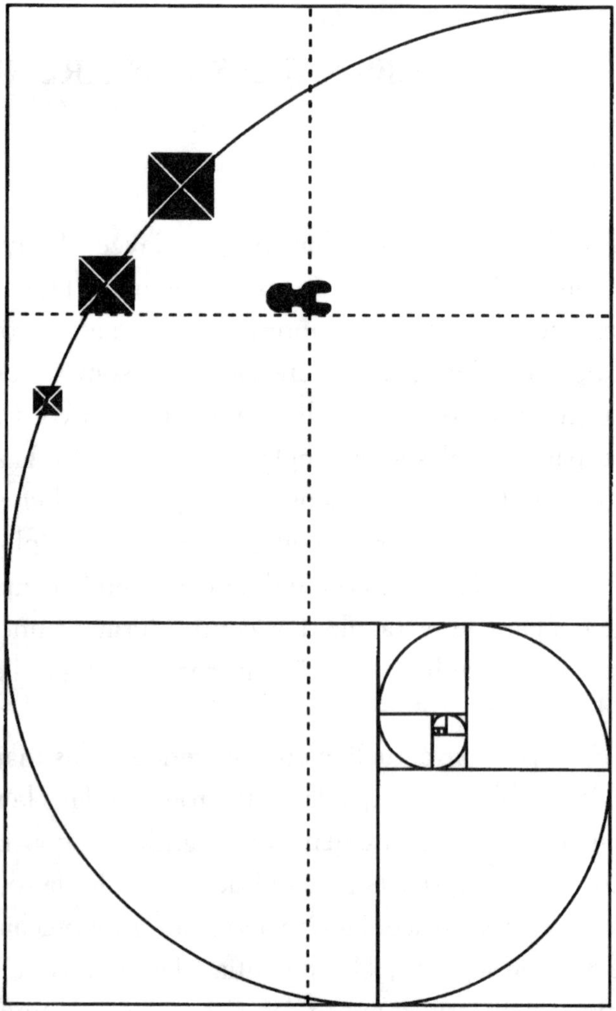

11-1 L'ouverture menant aux salles des archives est géométriquement identifiée à l'intérieur de la patte droite du Sphinx.

Thoth affirme que tout a été prévu, à un plus haut niveau, pour que la Salle des Archives soit découverte avant la fin de 1990. Drunvalo ne peut affirmer si ceci s'est produit ou non. Thot a dit que 148 groupes de trois personnes tenteraient de pénétrer dans la Salle des Archives, jusqu'à ce qu'un de ces groupes, venu de l'Occident, réussisse à ouvrir le passage en émettant des sons à l'aide de la voix. A l'intérieur se trouverait un escalier en spirale menant à une salle souterraine. Les Japonais possèdent la technicité pour observer cette salle à l'aide d'instruments dont la précision permet d'apercevoir un vase d'argile placé dans un coin.

Il y a trois tunnels qui mènent hors de cette salle. Si vous savez comment le déchiffrer, le vase d'argile indique où aller et quoi faire. Thot a dit que les trois personnes venues de l'Occident entreraient et descendraient par le tunnel de droite. Si vous vous trompez de tunnel, ou si vous ne faites pas partie du bon groupe d'individus, vous y perdrez la vie — un vrai scénario du style "Indiana Jones" !

Si vous faites partie du groupe élu, vous pouvez y entrer sans problème.

Ces trois personnes descendront enfin un long corridor de pierre éclairé par sa propre lumière, sans autre éclairage, ce qui signifie que l'air contiendrait sa propre luminosité. En haut du côté gauche du mur seraient tracées quarante-huit figures géométriques sacrées. Il s'agit des représentations des chromosomes de conscience christique, la première figure illustrant la Fleur de Vie. Au bout du corridor, un léger virage mène à une grande salle. Reposant sur les hautes tablettes de cette salle se trouve la preuve matérielle de l'existence de la civilisation sur cette planète depuis cinq millions et demi d'années. A l'avant de cette salle se trouve une pierre. Sur le dessus de cette pierre, ces trois personnes trouveraient une chose ressemblant à une photographie : une image d'eux-mêmes. Sous les images de la photographie, ils trouveraient chacun leur nom — pas nécessairement le nom reçu à leur naissance, mais leur vrai nom. Sous les noms se trouverait une date, qui serait en fait celle du jour même. A l'origine, Thoth devait aller à la rencontre de ces personnes, mais il nous a maintenant quittés. A moins que cet événement ne se soit produit avant le 4 mai 1991, quelqu'un d'autre ira à leur rencontre. Thoth affirme que chacune de ces trois personnes aura la permission de prendre un objet et de l'emporter.

La salle des archives ne contient pas seulement des objets matériels. Sous le Sphinx, dans la salle des archives, la connaissance est conservée à de multiples niveaux dimensionnels.

12

PRANA

Lors de la dernière bascule des pôles, c'est-à-dire en 10 500 av. J.-C., nous cessâmes de respirer de la façon dont nous en avions l'habitude depuis très longtemps, dit Drunvalo. Nous commençâmes à respirer d'une manière très particulière. En fait, presque personne dans notre univers ne respire de cette manière.

En règle générale, notre respiration consiste à absorber deux éléments : l'air et le prana. Le prana est une énergie de force vitale, plus vitale que l'air pour notre existence. Le prana n'est pas seulement présent dans l'air, il est partout. Il n'est exclus d'aucun lieu, il est même présent dans le vide.

Le prana existe sous la forme d'un champ énergétique lié de si près à l'esprit que ce dernier ne peut exister sans lui. Si vous supprimez l'air, il vous reste quelques minutes à vivre ; si vous supprimez l'eau, il vous en reste un peu plus. En supprimant la nourriture, vous prolongez votre espérance de vie ; mais si vous dissociez le prana de l'esprit, la mort est instantanée. Par conséquent, la respiration associée au prana est essentielle à notre forme de vie.

Nous devons respirer de manière à ce que lorsque l'air entre par la bouche et par le nez, le prana entre par le dessus de la tête, c'est-à-dire là où il y avait eu une zone tendre, la fontanelle. En même temps, nous prenons le prana venant d'en bas, c'est-à-dire par le périnée. Le canal pranique qui traverse le corps mesure environ cinq centimètres de diamètre et se prolonge sur une distance correspondant à peu près à la longueur d'une main au-dessus de la tête et sous les pieds. Il se relie à la grille cristalline enveloppant le corps. Le prana vient alors d'en haut et d'en bas du corps pour se rejoindre dans l'un des chakras. Le chakra qui deviendra le lieu de rencontre du prana dépend de votre équilibre mental, émotionnel et dimensionnel. Il s'agit d'une science très particulière.

Après la bascule des pôles, nous cessâmes de respirer de cette manière et commençâmes à inspirer le prana par la bouche et par le nez, directement avec l'oxygène. Le prana court-circuite alors la glande pinéale située au centre de la tête. La glande pinéale (épiphyse) correspond à un œil, le troisième œil, à ne pas confondre avec la glande pituitaire (hypophyse). Elle ressemble au globe oculaire, est ronde et concave, et possède une lentille pour faire converger les récepteurs de lumière et de couleur. Elle est conçue pour accueillir la lumière venant d'en haut afin que celle-ci soit instantanément dirigée vers toutes les cellules du corps. Comme elle a la forme d'un œil, il s'agit aussi d'un vesica piscis, l'image que nous révèle le premier jour de la Genèse. Cette forme géométrique se veut le début de toute création et contient toutes les informations sacrées de l'univers.

Cependant, lorsque la glande pinéale n'est pas activée, elle se referme. Cette glande, qui devrait normalement avoir la dimension d'une pièce de vingt-cinq cents, a rétréci chez nous à la dimension d'un pois, car elle est négligée depuis près de 13 000 ans. Le résultat direct de cette métamorphose est la conscience de polarité — le bien et le mal, la justice et l'injustice.

C'est notre manière de respirer qui nous porte à voir en termes de bien et de mal mais en fait, il n'existe aucune polarité. Tout ce qui existe est constitué de trois éléments — la Sainte Trinité — et quelle que soit la polarité qui vous vient à l'esprit, elle comprendra un troisième élément. Par exemple, le chaud et le froid donnent la tiédeur, le haut et le bas suggèrent le milieu, etc. Vue des niveaux de dimensions supérieures de l'existence, la polarité n'est qu'illusion. Seule l'unité existe ; il n'y a qu'un Dieu et un seul Esprit se meut en toute chose. Tout ce qui se produit a donc lieu à cause d'un seul Dieu.

À notre niveau d'existence, nous interprétons les choses différemment. Nous croyons voir le bien et le mal alors que tout est question de temps. Les forces de polarité sont nécessaires au bon fonctionnement de l'univers. Rappelez-vous que les forces des ténèbres font tout ce qui est en leur pouvoir afin de perturber la moindre parcelle de conscience, que ce soit au niveau planétaire ou individuel. Les forces de lumière font paradoxalement tout ce qui est possible pour encourager l'évolution de l'esprit et de la conscience. Cette opposition crée un bon rythme d'élévation de la conscience. La naissance de l'enfant, par exemple, requiert une période de neuf mois plutôt que trois ou quinze mois. Les forces de polarité provoquent donc la naissance au moment approprié.

Compte tenu de notre position, nous avons besoin de voir le bien et le mal et d'en prendre conscience. Nous devons de même reconnaître que Dieu est présent dans toute situation et qu'il existe une raison à tout ce qui arrive. Nous devons comprendre que tout élément est complet et parfait en lui-même et qu'il n'y a rien de mal, que cela nous semble bon ou mauvais. Nous devons prendre conscience du fait que la vie engendre un aspect totalement conscient en toute chose.

Notre état nous porte à croire que nous vivons à l'intérieur de notre corps, que tout ce qui lui est "étranger" en est séparé et que nos sentiments et pensées ne se manifestent pas au-delà de nous-même. Nous croyons pouvoir camoufler nos pensées et nos sentiments afin qu'ils n'aient aucun effet sur notre environnement. Détrompez-vous. Tout ce qui nous vient à l'esprit, tous les sentiments que nous éprouvons et tous nos agissements façonnent notre monde entier, et cela jusqu'aux étoiles les plus lointaines. Nous créons tout à chaque instant avec beaucoup plus d'intensité que nous ne pourrons jamais l'imaginer.

Respiration sphérique de la conscience christique

Drunvalo enseigne une forme de méditation conçue pour nous rapprocher de la manière dont nous respirions avant la dernière bascule des pôles. Cette méditation oblige à accueillir le prana par le sommet de la tête et par le périnée afin que l'énergie vienne d'en dessus et d'en dessous du corps. Le prana se relie alors à la grille cristalline enveloppant le corps (l'étoile tétraédrique gravée dans une sphère) pour finalement pénétrer dans un des chakras.

Cette méditation respiratoire a été transmise à Drunvalo par les anges, qu'il identifie comme étant seulement un aspect plus élevé de lui-même. Ces informations ne lui viennent pas de Thoth.

Afin de rester en vie dans le même corps durant 52 000 ans, Thoth devait passer une heure par jour dans une position telle que sa tête soit orientée vers le nord et ses pieds vers le sud, centré sur un chakra spécifique et en respirant d'une manière appropriée. Ensuite il devait se retourner pour inverser sa polarité et passer une autre heure à respirer.

En plus de passer deux heures par jour à respirer consciemment, Thoth devait se tenir devant la Fleur de Vie une fois tous les cinquante ans. Est-ce utile de préciser qu'il fut ravi que Drunvalo lui transmette cette méditation respiratoire, ce qui lui évita désormais d'accomplir ses interminables méditations.

Selon Drunvalo, les six premières respirations de la méditation respiratoire sphérique sont meilleures et mieux équilibrées que les deux heures de respiration quotidienne que pratiquait Thoth. Cette respiration sphérique de la conscience christique est exactement la respiration des baleines et des dauphins. On effectue cette méditation par une série de quatorze respirations. Les six premières servent à équilibrer les polarités à l'intérieur des chakras et à purifier les circuits électriques. Les sept suivantes rétablissent le courant pranique et recréent la respiration sphérique dans tout le corps. La quatorzième modifie l'équilibre de l'énergie pranique du corps et le fait passer de la conscience de la troisième dimension à celle de la quatrième dimension.

Toutefois, cette méditation est beaucoup plus que la seule respiration. Elle se veut une fusion du corps, de l'esprit, de la respiration et du cœur, qui doivent tous coopérer harmonieusement.

Ces respirations sont les quatorze premières d'une série de dix-sept utilisées pour créer les champs à rotation inversée du merkaba enveloppant le corps. Étant donné que le merkaba interne ne peut être créé qu'avec un corps émotionnel intact, il est absolument impératif d'ouvrir votre cœur afin de sentir l'amour et l'unité pour toute vie lorsque vous pratiquez cette méditation. Ceci en fonction de vos propres capacités, bien entendu.

Pour commencer, asseyez-vous dans une position détendue et confortable, en gardant le dos bien droit. Fermez les yeux puis oubliez le monde extérieur. Lorsque vous vous sentez calme, élevez vos sentiments à l'état d'amour et d'harmonie pour toute vie en tout lieu, puis visualisez l'étoile tétraédrique entourant votre corps.

Durant la première inspiration, visualisez le tétraèdre masculin. C'est celui dont l'apex est orienté vers le haut. Le point à la base du tétraèdre, juste au-dessus des genoux lorsque vous êtes debout, est orienté vers l'avant chez les hommes et vers l'arrière chez les femmes. Visualisez avec toutes vos capacités ce tétraèdre masculin rempli d'une lumière blanche éclatante. Votre corps est enveloppé de cette lumière.

Durant cette première inspiration, il est aussi important de poser les mains de sorte que les paumes soient orientées vers le haut, en établissant un léger contact entre le pouce et l'index. C'est ce qu'on appelle un mudra. Ne laissez pas les autres doigts se toucher.

Inspirez par le nez de manière profonde, rythmée et détendue durant environ sept secondes en faisant monter la respiration à partir de l'estomac, puis du diaphragme et enfin de la cage thoracique. Ceci doit s'effectuer en un seul mouvement. Puis, sans faire de pause au sommet de l'inspiration, commencez à expirer lentement par le nez durant environ sept secondes. Tout en expirant, visualisez le tétraèdre féminin. C'est celui dont l'apex est orienté vers le bas, c'est-à-dire la pointe au niveau du plexus solaire orienté vers l'arrière chez les hommes et vers l'avant chez les femmes. Encore une fois, visualisez ce tétraèdre rempli d'une lumière blanche éclatante.

Lorsque vous avez terminé l'expiration, après sept secondes, détendez-vous tout en retenant votre respiration durant environ cinq secondes. Amenez vos yeux vers le centre (en d'autres mots, louchez) et regardez vers le haut, puis regardez immédiatement vers le bas, aussi vite que possible. Au même moment, visualisez la lumière blanche du tétraèdre féminin qui jaillit à travers l'apex du tétraèdre, puis dans la Terre.

Cette pratique devrait provoquer une sensation électrique descendant votre colonne vertébrale. C'est ce que Drunvalo appelle la "pulsation". Vous êtes en train d'éliminer la négativité de la partie de votre système électrique associée au mudra que vous avez utilisé (contact des index et des pouces).

Dès que vous avez senti la pulsation énergétique parcourir votre colonne vertébrale, commencez la deuxième respiration. Celle-ci est semblable à la première respiration, sauf pour un élément. La seule et unique modification est l'utilisation d'un mudra différent. Pour la deuxième respiration, le contact s'effectue entre les pouces et les majeurs. Tout le reste demeure identique. De la même façon, les respirations suivantes décrivent le même tracé, sauf pour ce qui est des mudras.

Le mudra de la troisième respiration est un contact entre les pouces et les annulaires. Le mudra de la quatrième respiration implique les pouces et les auriculaires. Pour le mudra de la cinquième respiration, vous tenez les pouces et les index, comme lors de la première respiration. Finalement, pour le mudra de la sixième respiration, utilisez les pouces et les majeurs, comme pour la deuxième respiration.

Les sept respirations suivantes se font selon un autre rythme respiratoire. Il n'est plus nécessaire de visualiser ni le tétraèdre masculin durant l'inspiration ni le tétraèdre féminin durant l'expiration. Ce qu'il faut visualiser, c'est le tube qui traverse votre corps.

Ce tube se prolonge de la longueur d'une main au-dessus de la tête et de la même longueur sous les pieds. Autrement dit, il traverse l'apex du tétraèdre masculin qui se prolonge de la longueur précitée au-dessus de la tête. Il traverse de même l'apex du tétraèdre féminin, se prolongeant de la longueur d'une main sous les pieds. Le diamètre de votre tube est équivalent au diamètre du trou qui se forme lorsque votre pouce et votre majeur se touchent.

Commencez la septième inspiration tout de suite après la pulsation qui suit la sixième inspiration. Inspirez de manière rythmée durant sept secondes, tout comme pour les six premières respirations. Dès le début de la septième inspiration, visualisez le tube qui traverse votre corps transportant une lumière blanche éclatante. En d'autres mots, visualisez le prana traversant le tube depuis le dessus de votre tête et simultanément depuis le dessous des pieds.

À un moment donné, il y a effectivement une lumière blanche éclatante qui traverse votre tube dans les deux directions. Visualisez maintenant la rencontre de cette lumière à l'intérieur du tube au niveau du nombril ou troisième chakra. Quand les deux faisceaux de lumière ou prana fusionnent, une sphère lumineuse ou prana de la dimension d'un pamplemousse prend forme et commence lentement à grandir.

Tout ceci se produit dès l'instant où vous commencez la septième inspiration. Si vous continuez à inspirer durant sept secondes, la sphère de prana grossit graduellement. Au terme de l'inspiration, commencez immédiatement à expirer. Il n'y a plus de rétention de la respiration et plus de pulsation.

Les sept prochaines respirations exigent le même mudra : l'index et le majeur qui touchent légèrement le pouce, avec les paumes orientées vers le haut.

Lorsque vous commencez l'expiration, le prana continue de s'introduire par les deux extrémités du tube et fait grandir la sphère centrée au niveau du nombril. Quand l'expiration sera terminée (approximativement sept secondes), la sphère de prana mesurera une vingtaine de centimètres de diamètre.

La huitième respiration devrait suivre immédiatement la septième expiration. Pendant la huitième respiration, la sphère de prana poursuit sa croissance jusqu'à ce qu'elle atteigne sa dimension maximale au terme de l'expiration. Elle aura alors atteint le format d'un ballon de volleyball.

À la neuvième respiration, la sphère ne peut plus grossir. Elle va donc s'illuminer davantage. Visualisez donc la sphère qui s'illumine d'une lueur de plus en plus vive durant l'inspiration et l'expiration.

Pendant la dixième respiration, continuez de visualiser la sphère qui brille avec de plus en plus d'éclat. À mi-chemin de l'inspiration, elle atteindra une masse critique puis s'enflammera comme un soleil. En commençant l'expiration, formez un petit interstice avec vos lèvres et soufflez l'air de votre bouche avec force. Laissez-le alors sortir complètement par une puissante expiration finale. À ce moment-là, le soleil enflammé grandit vers l'extérieur pour former une sphère autour de votre corps. Il s'agit de la sphère que l'on retrouve dans le dessin de Leonard de Vinci. Votre corps entier se trouve maintenant à l'intérieur d'une sphère chargée de lumière blanche ou prana.

La sphère n'est toutefois pas encore stable. Toute votre énergie a été mise à contribution pour l'expulser de votre corps. Trois autres respirations seront nécessaires pour la stabiliser.

Les onzième, douzième et treizième respirations serviront à stabiliser la sphère. Inspirez et expirez tout comme vous l'avez fait pour les septième, huitième et neuvième respirations. Ce faisant, sentez le prana qui circule dans le tube, se rencontre au niveau du nombril et forme une sphère autour de votre corps.

La sphère est maintenant stabilisée et vous êtes prêt pour la respiration capitale, c'est-à-dire la quatorzième. De la septième à la treizième respiration, l'écoulement du prana se croisait dans le tube derrière le nombril. Cela permettait de nous équilibrer dans notre réalité de la troisième dimension. Si nous devions y demeurer, nous cesserions après la treizième respiration. Étant donné notre intention d'évoluer vers la quatrième dimension, la quatorzième respiration devient nécessaire afin de nous équilibrer dans cette réalité.

Au début de l'inspiration de la quatorzième respiration, déplacez le point de rencontre des deux courants de prana du nombril jusqu'au sternum. Toute la grande sphère qui entoure votre corps se déplace vers le haut, c'est-à-dire jusqu'au sternum, parallèlement au mouvement de la petite sphère originelle qui est encore contenue à l'intérieur de la grande. La rencontre du prana en cet endroit vous harmonise avec la quatrième dimension ou conscience christique.

Ce faisant, vous modifiez aussi le mudra. Les hommes placent la paume de la main gauche sur la paume de la main droite avec un léger contact des pouces. Les femmes déposent la paume de la main droite sur la paume de la main gauche avec un léger contact des pouces. Maintenez ce mudra jusqu'à la fin de la méditation.

En continuant de respirer à partir de votre centre de conscience christique, modifiez le rythme de votre respiration de façon à prendre un rythme détendu et moins profond pour sentir le courant de prana et d'amour aussi longtemps que vous le désirez. Drunvalo recommande de faire durer cette méditation au moins dix minutes.

Il est très important de nourrir des pensées d'amour, de vérité, de beauté, de confiance, d'harmonie et de paix pour la très bonne raison que dans la quatrième dimension ou conscience christique, les pensées se manifestent instantanément dans la réalité. Si vous poursuivez cette méditation, votre conscience s'harmonise graduellement avec la conscience de la quatrième dimension. Vous devenez aussi de plus en plus conscient du pouvoir de vos pensées et du fait qu'elles façonnent infailliblement votre réalité. Vos pensées commencent alors à se manifester de plus en plus rapidement, d'où l'importance de ne nourrir que des pensées pures.

Si vous décidez d'entreprendre cette méditation, il est préférable de la pratiquer quotidiennement jusqu'à ce que vous puissiez respirer consciemment, c'est-à-dire jusqu'à ce que vous ayez la capacité de vous souvenir, à chaque respiration, de votre liaison intime et inséparable avec l'Esprit qui se meut en toute chose. Il est suffisant de pratiquer la quatorzième respiration une fois par jour. Dès lors, vous pouvez penser à respirer à travers votre tube et ainsi recréer votre sphère à tout moment de la journée.

Cette sphère de prana vous entoure aussi d'un champ de protection très puissant qui n'a d'égal que le merkaba. Par conséquent, elle favorise un plus grand sentiment de sécurité et de confiance.

Au cours de cette méditation, il faut absolument visualiser avec clarté le tétraèdre masculin durant l'inspiration et le tétraèdre féminin lors de l'expiration pendant les six premières respirations (tant pour les hommes que pour les femmes), chacune d'elle imprégnée d'une lumière blanche éclatante ou prana. Il m'a paru très utile de façonner un modèle qui me permettrait de pénétrer dans chaque tétraèdre et ainsi observer ma capacité d'harmonisation.

Il m'a toujours été plus ardu de visualiser le tétraèdre masculin. J'avais du mal à situer les pointes de sa base. J'ai réglé ce problème en créant un modèle à l'aide des mâts d'une tente et de la ficelle. J'ai étalé les mâts sur le plancher en forme de triangle équilatéral afin de former la base du tétraèdre. Puis, j'ai ficelé les trois angles du triangle que j'ai suspendus au-dessus de ma tête pour former l'apex du tétraèdre. Les côtés du tétraèdre ont une longueur correspondant à votre taille ou à la longueur des deux bras tendus. Cette approche m'a aidé à visualiser clairement le tétraèdre masculin, ce qui a amélioré la qualité de la méditation.

J'ai également trouvé très intéressant de tracer l'image des tétraèdres avec mes deux mains avant la méditation et durant les six premières respirations. En d'autres mots, je commence par tracer la base du tétraèdre masculin, puis les côtés et l'apex. Ce fut pour moi une façon de stabiliser l'image. Je traçais aussi la base du tétraèdre féminin au niveau de mon plexus solaire en visualisant la pointe de la base derrière mon dos et sur les côtés, descendant jusqu'à former l'apex dans le sol.

Il est nécessaire de voir clairement votre relation avec l'étoile tétraédrique. Que vous soyez assis ou debout, l'apex du tétraèdre masculin dépasse toujours le dessus de votre tête de la longueur d'une main. N'oubliez pas que, si vous êtes debout, la base du tétraèdre masculin se situe juste au-dessus de vos genoux. Lorsque vous vous asseyez, la base se déplace d'une distance correspondante. Ce qui signifie donc que si vous êtes assis sur une chaise, la base se situe au niveau du plancher ou à peu de distance. Si vous vous asseyez sur le sol, près de la moitié du tétraèdre masculin se retrouve dans le sol.

La base du tétraèdre féminin se place toujours au niveau du plexus solaire, que vous soyez assis ou debout. Quand vous êtes debout, l'apex du tétraèdre féminin se prolonge de la longueur d'une main dans le sol. Quand vous êtes assis sur une chaise, l'apex se déplace proportionnellement vers le bas. Si vous êtes assis sur le sol, plus de la moitié du tétraèdre féminin repose dans le sol.

Si vous pratiquez régulièrement cette méditation, votre capacité de "voir" les tétraèdres, la lumière blanche, le tube et les sphères s'améliorera.

À mes débuts, j'avais beaucoup de difficulté à visualiser les tétraèdres. Je ne pouvais que sentir le tube et la sphère de prana devant moi. J'avais un peu plus de facilité à voir la lumière. Tout ceci s'est amélioré à un point tel que ces champs font maintenant partie de moi, ils sont une extension de mon corps et de mon être, si vous préférez.

La pratique de la géométrie sacrée m'a beaucoup aidé. J'ai découvert que la meilleure manière d'en retirer des bienfaits est de dessiner, et je ne crois pas qu'il existe d'autres méthodes pour l'assimiler.

La géométrie a non seulement favorisé ma méditation, mais aussi grandement facilité l'intégration des hémisphères droit et gauche du cerveau dans l'unité de l'Esprit éternel.

J'expliquerais ce phénomène en disant qu'elle a nettement amélioré ma capacité à considérer toute expérience de vie comme une opportunité plutôt que comme quelque chose à éviter ou comme une erreur. Cette expérience aiguise la perception que tout se déroule comme il se doit, que j'obtiens tout ce dont j'ai besoin à tout moment.

C'est une chose que de conceptualiser cette idée, c'est une tout autre chose que de la connaître en termes d'expérience vécue. En ce qui me concerne, c'était vraiment la pièce manquante. La maîtrise de cet exercice de respiration, c'est-à-dire la prise de conscience de la liaison intime avec la source à chaque respiration, diffère d'un individu à l'autre. Drunvalo mentionne que les anges durent le lui rappeler fréquemment et qu'il y parvint au bout de douze années de pratique. Je pratique cette méditation quotidiennement depuis dix-neuf mois et je viens tout juste d'ajouter les trois respirations suivantes afin de créer le merkaba.

Avant d'entreprendre les trois prochaines respirations, vous devez obtenir la permission de votre moi supérieur. Ce sont les quinzième, seizième et dix-septième respirations qui mettent en mouvement les champs à rotation inversée du merkaba. Si je ne parle pas ici des trois prochaines respirations, c'est qu'elles seront enseignées durant l'atelier "Fleur de Vie". Au début, je croyais qu'ayant une meilleure connaissance de la respiration consciente (rebirth) que la plupart des gens, j'intégrerais immédiatement mon merkaba. Erreur !

En fait, il m'a fallu seize à dix-sept mois pour maîtriser les quatorze premières respirations et j'en suis toujours là.

J'ai fait d'immenses progrès. Je prends de plus en plus conscience du champ d'énergie qui m'entoure, de la sécurité et de la protection qu'il me procure.

J'ai aussi combiné cette méthode de respiration avec le rebirth. Lorsque je fais mon rebirth, j'accueille maintenant le prana par le sommet de la tête afin qu'il traverse la glande pinéale, tout en le faisant entrer également par le périnée.

Ce fut un processus graduel. À mes débuts, je n'avais que la foi doublée d'un profond engagement. Depuis ce temps, j'ai incroyablement accru ma capacité de faire des rebirths sur moi-même et sur les autres.

Je sens l'éveil de ma glande pinéale, et je sens et vois de plus en plus la lumière m'habiter. L'unité de l'être devient de plus en plus une présence bien vivante. La respiration, devenant plus consciente, me permet de me relier plus profondément avec toute vie.

Afin que vous puissiez apprendre correctement la méditation en quatorze respirations, je recommande chaudement l'atelier "Fleur de Vie".

Vous serez alors sensibilisé à la méditation. Il y aura des réponses à toutes vos questions et suffisamment de temps pour pratiquer.

Vous serez aussi sensibilisé aux quinzième, seizième et dix-septième respirations. Ce sont elles qui activeront votre merkaba.

13

L'EXPÉRIENCE DE PHILADELPHIE

Tout au moins en surface, l'expérience de Philadelphie (officiellement connue sous l'appellation de Projet Arc-en-ciel) fut une expérience militaire top-secrète ayant pour but de faire disparaître un cuirassé. Oui, de le rendre invisible ! Avez-vous vu le film du même nom ? Cette expérience a eu lieu en 1943, au beau milieu de la Deuxième Guerre Mondiale. Ce n'est pas si difficile de faire disparaître un cuirassé. Il n'y a qu'à l'amener dans l'harmonique de la prochaine dimension et il devient invisible dans la nôtre. Drunvalo dit que tout le monde peut y arriver, c'est d'ailleurs l'appareil fantôme des Klingon. La technologie de l'expérience de Philadelphie nous vient des Gris. Nous souhaitions un appareil fantôme afin de gagner la guerre. Néanmoins, ils avaient différentes raisons de nous fournir cette technologie, ce dont je discuterai plus loin.

Pour faire disparaître quelque chose ou accéder à l'harmonique de la prochaine dimension, il faut créer des champs d'énergie à rotation inversée tournant à des vitesses très spécifiques. Au moment de cette expérience, les scientifiques employés par le gouvernement activèrent des champs à rotation inversée basés sur l'étoile tétraédrique. Lors du passage d'une dimension à l'autre, les champs à rotation inversée tournent à une vitesse comprise entre neuf dixièmes de la vitesse de la lumière et sa vitesse réelle, ce qui implique une série incroyablement complexe d'harmoniques à nombre entier superposés.

Sur le plan visuel, l'espace environnant se transforme en brume rougeâtre et prend la forme d'une soucoupe volante. Les couleurs évoluent alors rapidement, passant par toutes celles de l'arc-en-ciel, du rouge à l'orange, au jaune, au vert, au bleu et au pourpre jusqu'au pourpre ultraviolet, pour finalement devenir une lueur blanche aveuglante qui disparaît progressivement. Tous les objets physiques donnent l'impression d'être en or, puis cet or devient peu à peu translucide et enfin transparent. Il est alors possible de voir à travers tous les objets. Vous aboutissez dans l'obscurité où vous effectuez une bascule de 90 degrés, en deux bascules distinctes de 45 degrés. Les mondes des différentes dimensions sont tous séparés par des angles de 90 degrés. Après cette bascule, vous réapparaissez dans un nouveau monde d'une autre dimension.

L'expérience de Philadelphie, quoi qu'il se soit passé véritablement, fut une expérience réelle réalisée par la Marine américaine en 1943. Elle impliqua le cuirassé USS Eldridge. Les scientifiques travaillant sur ce projet tentaient simplement de rendre le vaisseau invisible au radar sans toutefois le faire disparaître totalement. Les couleurs obtenues durant l'expérience passèrent du rouge à l'orange, au jaune puis au vert, ce qui prit peu de temps ; mais ils ne dépassèrent jamais cette étape. C'était comme s'ils faisaient décoller un avion à quelques dizaines de mètres du sol et éteignaient les moteurs. Autrement dit, l'expérience échoua sur le plan interdimensionnel. Le cuirassé et son équipage disparurent de la cour navale de Philadelphie durant quatre heures. Lorsqu'ils réapparurent, certains membres de l'équipage étaient littéralement incrustés dans le pont, deux d'entre eux furent retrouvés dans les cloisons, d'autres avaient pris feu, nombre d'entre eux ne revinrent jamais et certains ne cessaient de se dématérialiser et de se rematérialiser. Les survivants étaient naturellement très désorientés.

Deux individus sautèrent du cuirassé au milieu de l'expérience, croyant pouvoir se sauver à la nage. Leur lieu d'atterrissage n'avait rien de commun avec le port de Philadelphie, puisqu'ils atterrirent à Long Island, New York, en 1983. La raison de leur atterrissage à cette date était une expérience similaire appelée "Projet Montauk"[1] qui se déroula en 1983 en relation avec l'expérience de Philadelphie de 1943. Ces deux individus étaient des frères nommés Duncan et Edward Cameron.

Les deux expériences furent réalisées le 12 août de leur année respective. Selon Al Bielek, qui prétend être Edward Cameron, un des deux hommes qui plongèrent du USS Eldridge, il existe quatre bio-champs planétaires qui se manifestent tous les vingt ans à la date du 12 août — 1943, 1963, 1983, 2003, etc. Ceci provoque un pic des énergies magnétiques durant ces périodes, et explique ainsi l'association des deux expériences. L'énergie fut suffisante pour créer un champ hyper-spatial et provoquer le glissement du cuirassé USS Eldridge dans l'hyper-espace pendant l'expérience de 1943.

Al Bielek précise que l'association des deux expériences, qui créa un énorme trou dans l'espace-temps, fut provoquée délibérément par les Gris qui participèrent à l'expérience de 1983. Leur but était de faire une brèche dans le tissu de l'espace-temps afin de laisser le passage à un grand nombre d'extra-terrestres et de vaisseaux. La brèche était évidemment nécessaire pour le passage des vaisseaux de grande envergure en vue d'une invasion massive et discrète des États-Unis. C'est suite à cette invasion que fut conclu le traité "États-Unis/Gris". En temps linéaire, le Projet Montauk de 1983 succédait à l'expérience de Philadelphie de 1943. Cependant, cette expérience créa une boucle dans le temps à laquelle notre conception de la chronologie du temps linéaire ne peut plus s'appliquer.

Drunvalo dit avoir rencontré Duncan Cameron par le biais de Pete Carroll, l'entraîneur des Jets de New York. Il a aussi rencontré Preston Nichols, un ancien employé du gouvernement qui travaillait sur le Projet Montauk. Duncan était capable de voir les champs rotatifs entourant Drunvalo, ce dont peu de gens sont capables, et Drunvalo de son côté voyait les champs rotatifs entourant Duncan, même si ceux-ci étaient très déséquilibrés.

On utilisa la colonne vertébrale de Duncan pour faire circuler les champs durant les expériences de Philadelphie et de Montauk. C'est ce que font certaines formes de vie — les baleines et les dauphins, par exemple. Le chef du groupe utilise sa colonne vertébrale pour créer un champ électromagnétique autour de lui et tous les membres du groupe sont reliés à ce champ. C'est un phénomène comparable à un seul corps constitué d'une multitude de cellules indépendantes. Quoi que fasse le chef, tout le monde suit. C'est ce qui explique le phénomène des baleines qui échouent sur les plages en grand nombre. Si la baleine en chef s'échoue, quelle que soit la raison, toutes les autres baleines du groupe suivront. Elles agissent comme une seule entité, un seul corps.

Or donc, Cameron fut utilisé pour les deux expériences. Le trou dans l'espace-temps a créé d'énormes vortex d'énergie dans la quatrième dimension, ce qui, selon Drunvalo, inquiète beaucoup notre gouvernement. Si ces vortex d'énergie apparaissaient dans notre dimension, il pourrait s'ensuivre la destruction de vastes zones de la planète Terre, voire de la planète tout entière. Mais d'après Drunvalo, les Êtres des dimensions supérieures n'éprouvent aucune inquiétude à ce sujet. Selon eux, il n'y a aucun problème.

Les monuments sur Mars

Ce sont les Gris qui entreprirent ces expériences sur le temps et non pas notre gouvernement. Ce n'est pas non plus notre gouvernement qui suivit leur initiative, mais plutôt une entité appelée "gouvernement secret", et le but de l'expérience n'était pas de faire disparaître un vaisseau, bien que ce fût la raison officielle. Les Gris étaient beaucoup plus préoccupés par la planète Mars. Souvenez-vous qu'il y a un million d'années, leurs ancêtres avaient réussi une expérience quasi identique. En fait, ils laissèrent en héritage sur Mars des monuments racontant mathématiquement leur expérience. Ces monuments furent photographiés pour la première fois par le Viking de la NASA en 1976.

Les photographies rapportées par le Viking montrent quelque chose qui ressemble à un visage, situé dans une zone de Mars connue sous le nom de Cydonia, ainsi qu'une pyramide à cinq faces, plusieurs pyramides à quatre faces et d'autres objets caractéristiques.

Plusieurs personnes, entre autres Vincent di Pietro et Gregory Molenaar, sous-traitants de la NASA et, plus tard, Richard Hoagland, [3] obtinrent de la NASA les photographies provenant du Viking et les publièrent. Après avoir interprété les photographies des monuments sur Mars, interprétation que la NASA était peu disposée à admettre, Hoagland, en compagnie du géologue Erol Torun, commença à étudier la géométrie des objets qu'elles contiennent. C'est en développant ses connaissances sur la géométrie sacrée et par ses études sur les images de grande profondeur qu'il s'aperçut que les angles séparant les pyramides forment mathématiquement et avec précision un tétraèdre gravé dans une sphère. Avec un tétraèdre gravé dans une sphère dont l'apex pointe vers un des deux pôles, la base touchera la sphère à 19,47 degrés (arrondi à 19,5 degrés) de latitude du pôle opposé. Avec une étoile tétraédrique (deux tétraèdres adossés) gravée dans une sphère, les deux bases toucheront la sphère à 19,5 degrés nord et sud (Ill.13-1). Richard Hoagland retrouva cet angle maintes fois répété dans les photographies des pyramides sur Mars. Cet angle est donc d'une grande importance.

Richard Hoagland étudia aussi des photographies de Jupiter, Saturne et Neptune prises par des vaisseaux spatiaux inhabités de la NASA. Il découvrit que la zone rouge de Jupiter est située à 19,5 degrés de latitude. La grande zone

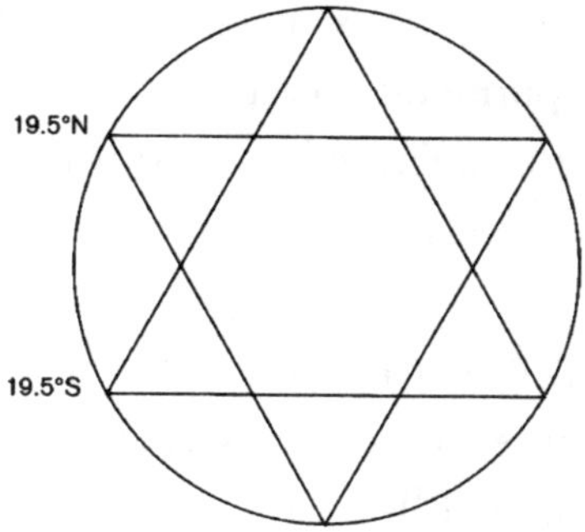

13-1 Une étoile tétraédrique gravée dans une sphère.
Les deux bases touchent la sphère à une latitude de 19°5 nord et sud.

sombre de Neptune est aussi localisée à 19,5 degrés de latitude et les chercheurs croient qu'il existe une zone similaire sur Uranus à une latitude de 19,5 degrés sud. Sur Saturne, on retrouve deux bandes de nuages à 19,5 degrés de latitude nord et sud. De plus, en suivant l'activité des taches solaires, on peut noter qu'elles se concentrent principalement à des latitudes de 19,5 degrés nord et sud. Par conséquent, il existe des concentrations majeures d'énergie planétaire à 19,5 degrés nord et sud. Sur terre, le volcan Maunakea des îles Hawaïennes est situé à 19,5 degrés nord.[4]

Selon Drunvalo, il y a en fait trois champs d'étoiles tétraédriques qui entourent toutes les planètes et créent des champs électromagnétiques. La NASA et Hoagland viennent tout juste de découvrir un de ces champs.

La NASA, qui ne voulait pas parler de la découverte des pyramides sur Mars, a fait tout ce qu'elle a pu pour ridiculiser les parties intéressées, y compris ses propres employés. Pourquoi voulait-elle nous cacher le contenu de ses découvertes ? La réponse est en rapport avec le gouvernement secret et les Gris, ainsi qu'avec les transformations de la Terre, sujets que nous aborderons plus tard.

PRODUCTION D'ÉNERGIE GRATUITE

Il existe à l'heure actuelle des machines produisant de l'énergie gratuitement. Elles sont fondées sur la technologie des champs d'énergie rotatifs. L'une d'entre elles, nommée la "Machine N", est, selon Drunvalo, une réalité en Inde et devrait nous parvenir sous peu. Ces machines peuvent produire une quantité infinie d'électricité pour seulement quelques centaines de dollars. Elles ne s'usent jamais.

Nicolas Tesla tenta de fournir de l'énergie gratuite au monde il y a longtemps de cela. D'après George C. Andrews, du Extra-Terrestrial Friend and Foes : "Tesla avait l'intention de fournir au monde de l'énergie gratuite et inépuisable en captant l'électricité de la Terre et de l'atmosphère pour la diffuser à l'aide d'un émetteur d'ondes, comme pour la radio. Cette découverte n'allait évidemment pas plaire aux magnats, propriétaires des usines d'électricité, fabricants de câbles électriques et de génératrices, sans mentionner les magnats du pétrole. Puis vint 1910 et ce pauvre Tesla fut la risée du monde ; les gens qui l'avaient soutenu financièrement furent forcés par de puissants joueurs à exiger un remboursement immédiat des sommes investies. Considéré comme fou par le public, délaissé par tous et complètement ruiné, Nicolas Tesla mourut aux États-Unis en 1943."[5]

Donc, les “grands” de ce monde n’ont pas voulu nous parler de ces machines qui produisent gratuitement de l’énergie, mais on y viendra obligatoirement un jour ou l'autre. Selon Drunvalo, elles ont été présentées aux Nations Unies et ce n’est qu’une question de temps pour que ces informations soient publiées.

VÉNUS

Drunvalo dit qu’il y a sur Vénus un autre complexe de monuments connu de la NASA. C’est en janvier 1985 que celle-ci découvrit sur cette planète un complexe identique à celui de Gizeh en Égypte : trois pyramides et un Sphinx. Il existe deux cents photographies de ce complexe cythérien. Drunvalo prétend s’être entretenu directement avec certains individus participant à cette recherche.

Le Mental Health Committee américain, groupe de douze personnes consultées par la NASA pour toutes les éventuelles preuves de l'existence d'une vie sur d’autres planètes, a donné le feu vert en mai 1985 pour la publication des informations sur Vénus. Ceci signifiait que la NASA était obligée par la loi de faire un reportage sur le sujet.

La NASA diffusa donc ces informations une seule fois et sur une seule station de télévision en Floride. Bien entendu, personne n'y crut. De cette manière, la NASA avait rempli ses obligations légales de publication et elle s’en tira à bon compte en dissimulant le tout peu après cette première révélation.

Immédiatement après cet incident, la NASA expédia un autre vaisseau sur Vénus pour tracer une carte couvrant quatre-vingt-dix pour cent de sa surface, avec l'intention de découvrir autre chose. Elle ne pensait qu'en termes de troisième dimension, ce qui prouve qu'elle n'a jamais été en mesure de faire la carte de la quatrième dimension d'une planète. Quelle que soit la planète que l'on désire observer, il est important de s'harmoniser avec sa dimension pour y découvrir quelque chose de significatif. La vie n'est présente que dans certaines dimensions. Sur Vénus, il n'existe d'ailleurs aucune vie dans la troisième dimension.

Mais la quatrième dimension nous révèle la présence d'une importante population vivant sur cette très belle planète. Vénus est peuplée par les Hathors, la race la plus évoluée et, sans contredit, la plus intelligente de notre système solaire. Leur degré d'évolution est de loin supérieur à celui des humains, des Gris et des Nefilim.

Les Hathors sont des êtres de la conscience christique. Ils mesurent de trois à cinq mètres et leur science est fondée sur des courants sonores provenant de la gorge. Ce sont des êtres de lumière pure et d'amour absolu. Ils travaillent aussi bien avec les Égyptiens qu'avec nous depuis longtemps. Le complexe de pyramides sur Vénus est le fruit d'anciens échanges réguliers entre Hathors et Égyptiens.

Il existe aussi, sur la Lune, des complexes de l'Égypte ancienne et d'autres appartenant au gouvernement secret actuel. Nous possédons trois petites bases sur la face cachée de la Lune. “Clémentine”, un projet secret dirigé par le SDI, une filiale de la NASA, avait pour mission de lancer un vaisseau spatial dans cette zone le jour du discours du président Clinton sur l'État de l'Union en 1994.

Retournons à l'expérience de Philadelphie afin de comprendre quel fut le but des Gris. Lorsque l'atmosphère martienne fut au bord de la destruction, les Martiens (ancêtres des Gris) entreprirent la construction d'un complexe à Cydonia avec l'intention de créer un merkaba externe, un véhicule de l'espace-temps qui leur permettrait de se projeter dans le futur. Non seulement ils établirent ce complexe à Cydonia pour en montrer l'aspect mathématique, mais le complexe lui-même allait devenir le mécanisme réel utilisé pour sa création. Cet événement eut lieu il y a un million d'années terrestres, selon Thoth. Les Martiens réussirent : ils se projetèrent sur l'Atlantide il y a approximativement 65 000 années terrestres.

Les descendants des Martiens répétèrent cette expérience il y a 16 000 ans mais, cette fois, en perdirent le contrôle et provoquèrent une brèche dans les niveaux dimensionnels, poussant les esprits des dimensions inférieures vers l'Atlantide, où ils finirent par habiter le corps des Atlantes.

Cet essai qui échoua fut entrepris dans un bâtiment qui correspond maintenant au fond sous-marin d'une région que l'on appelle le Triangle des Bermudes. Ce bâtiment contient des champs d'étoiles tétraédriques à rotation inversée, qui créent un immense champ de merkaba synthétique.

Une des pointes triangulaires de ces champs qui émergent de l'océan s'avère totalement incontrôlable.

Afin que le champ du merkaba soit sous contrôle, la rotation du champ à rotation inversée doit être plus rapide, tandis que toutes les distortions sont causées par le champ à courant normal dont la rotation est parfois plus rapide. Les avions et les navires portés disparus dans cette région ont été littéralement transportés vers d'autres niveaux dimensionnels. Parmi ces distortions, certaines se projettent sur une vaste étendue de l'espace. Il s'agit d'un problème majeur dont les effets se font sentir bien au-delà de la Terre.

Les Gris en furent aussi affectés et sont ici présents en compagnie d'autres races pour tenter de remédier au problème. Drunvalo ne sait pas combien d'expériences comparables les Gris ont pu entreprendre ; mais il ne subsiste aucun doute sur l'essai de 1913, puis sur celui de 1943 avec l'expérience de Philadelphie et finalement sur l'essai de 1983 avec le Projet Montauk. Ils tenteront au moins une autre expériences de ce genre dans le futur.

Al Bielek, qui prétend avoir participé au Projet Montauk, dit que les scientifiques travaillant sur le projet avaient appris à voyager dans le temps. En fait, ils pouvaient aller aussi loin qu'ils le désiraient soit dans le passé ou dans le futur. Drunvalo présente la réalité sous un tout autre angle. Selon lui, ils pouvaient reculer dans le temps pour une période d'un million d'années, mais ils finissaient par se heurter à un mur. Ils étaient également capables de voyager dans le futur jusqu'à l'an 2012, où ils finissaient aussi par se heurter à un mur. Ce phénomène s'explique par le fait que la première expérience ayant eu lieu il y a un million d'années, les Gris ne pouvaient dépasser cette limite. Ils ne sont pas capables de voyager au-delà de l'an 2012, compte tenu qu'il s'agit de la date de leur prochaine expérience. Il faut comprendre que toutes ces expériences sont étroitement liées, non seulement celles de Philadelphie et de Montauk, mais toutes.

MUTILATIONS DU BÉTAIL

La mutilation du bétail reflète un autre aspect des expériences des Gris sur terre. La motivation qui poussa les Gris à mutiler le bétail fut leur volonté de comprendre l'énergie sexuelle. Si j'écris au passé, c'est pour la pure et simple raison que les Gris sont devenus asexués il y a très longtemps et qu'ils ne se reproduisent plus que par éprouvette.

Durant ces vingt dernières années, il y a eu des milliers de cas de mutilation animale à travers le monde. Linda Moulton Howe[6], une des principales investigatrices des ces incidents, parut à la télévision sur la chaîne ABC pour une émission spéciale consacrée au phénomène de mutilation, intitulée The Strange Harvest (L'étrange récolte). Elle est aussi l'auteur du livre An Alien Harvest. Au tout début de ses recherches, elle croyait que le gouvernement américain en était responsable, jusqu'au moment où, après d'autres recherches, elle conclut que ces activités étaient le fruit d'êtres technologiquement plus évolués que nos gouvernements. Les incisions étaient dues à des lasers incroyablement précis, bien au-delà de nos capacités technologiques. Plus encore, les vaches redéposées au sol avaient été vidées de tous leurs globules rouges, processus inaccessible à l'être humain.

Les Gris enlevaient aussi des êtres humains sur lesquels ils menaient des expériences dont le nombre était bien supérieur à celui autorisé par l'entente conclue avec le gouvernement. Le but de ces expériences n'était autre que la compréhension de nos énergies émotionnelles et sexuelles. D'après Drunvalo, les Gris ont maintenant quitté la planète. Espérons seulement qu'ils ont mis un terme à ces enlèvements.

Les Gris en sont venus à la conclusion qu'afin d'échapper à leur propre piège, lequel consiste à s'être séparés de la source de vie, ils doivent retrouver leur corps émotionnel. Malheureusement, la seule méthode qu'ils connaissent pour y parvenir est de nous étudier intellectuellement, ce qui, de toute évidence, ne marchera jamais.

À l'origine, les Gris avaient été créés comme nous, c'est-à-dire avec un corps émotionnel intact. C'est leur serment d'allégeance à la rébellion luciférienne qui les éloigna de la réalité d'unité. Leur machinerie externe poussée à l'extrême échoua. Toutes les tentatives de ce genre au sein de l'univers ont provoqué un désastre. La construction des vaisseaux permettant de traverser les étoiles, ainsi que les robots conçus pour accomplir toutes leurs tâches, font toujours sortir l'espèce de son corps émotionnel, qui est leur principale source de pouvoir. Vous pouvez créer le merkaba extérieurement. La connaissance suffit. Pas besoin d'amour, d'émotions ou de sentiments. Vous obtenez alors un OVNI. Tous les OVNI reposent sur les principes du merkaba externe. Le problème est toujours le même. Vous vous séparez de la source de vie et vous finissez par perdre votre corps émotionnel. La fabrication du merkaba externe ne requiert aucune émotion, l'amour est inutile et le corps émotionnel devient insignifiant. La pensée mentale est amplement suffisante. Celle-ci crée un être qui n'a de connaissance que la logique, dénué de corps émotionnel.

Il y a un autre vice fatal lié au merkaba externe : le niveau que l'on peut atteindre par l'ascension a des limites. Les portes d'étoiles avaient été créées de sorte que la présence d'émotion soit une condition à leur franchissement. C'est un détail qu'ignorait Lucifer, le quatrième ange à se séparer de Dieu avec le désir de baser la création sur un gabarit externe. Il y a un million d'années, Mars agonisait des suites d'une rébellion comparable à celle de Lucifer. Plusieurs planètes et régions spatiales furent ainsi détruites. Les Martiens connurent aussi un tel succès qu'ils y laissèrent leur corps émotionnel et leur capacité d'aimer. Ils fondèrent leur existence sur la logique et finirent par détruire leur planète. En se projetant dans le temps, c'est-à-dire jusqu'à l'Atlantide, ils apportèrent leur maladie sur terre.

La rébellion luciférienne actuelle commença dans cette galaxie il y a près de 200 000 ans. Les Gris représentent la quintessence de cette rébellion. Ils existent actuellement sur des centaines de planètes dans la galaxie, bien que leur présence soit plus concentrée autour d'Alnilam, l'étoile centrale de la ceinture d'Orion. Ils sont aussi apparentés aux Martiens, qui comptent parmi leurs ancêtres. Les Gris sont une race dépourvue de corps émotionnel et ils se meurent à cause du vice fatal qui est le fondement de la création sur le merkaba externe. Ils sont piégés dans leur niveau d'existence actuel et sont incapables de s'élever ou d'accéder à la prochaine octave d'existence, parce qu'ils se sont séparés de la réalité à un point tel qu'ils ne connaissent même plus la signification de l'amour.

Ce qui veut dire qu'ils ne peuvent plus "s'identifier" à la création. Ils ont pris conscience de ce problème et peuvent le comprendre logiquement, mais ils ne savent pas comment y remédier.

Lors de leurs expériences sexuelles sur les humains, les Gris tentèrent de fusionner avec notre espèce en espérant qu'une partie d'eux-mêmes survivrait. Ils clonèrent une autre race sur cette planète dans l'espoir de propager leurs gènes. À titre d'experts en clonage, les Gris font des expériences approfondies sur les humains depuis longtemps. Ils en ont fabriqué plusieurs modèles expérimentaux à la recherche de la perfection. Ces démarches représentent leur seul salut, car ils constituent une espèce en voie d'extinction et ils le savent. Leurs expériences sur l'être humain visent à la préservation d'une parcelle d'eux-mêmes par la création d'une espèce hybride "Gris-Hommes". Ils ont été forcés de conclure qu'ils n'y parviendraient pas, que leur forme de vie est en perdition. Si l'univers a permis aux Gris d'agir ainsi, c'est en raison de notre lien avec eux depuis l'intervention martienne en Atlantide.

On compte au moins cinq autres races d'extra-terrestres impliquées dans ce drame. Certains êtres des autres dimensions s'assurent par exemple que les Gris ne dépasseront pas la mesure, comme ils avaient coutume de le faire. En fait, selon Drunvalo, ils ont effrontément tenté de nous anéantir en ouvrant le niveau de la quatrième dimension trop rapidement. Si leur tentative avait réussi, ils nous auraient tous fait disparaître.

L'accès à des niveaux de plus hautes dimensions doit s'effectuer lentement et organiquement. Lorsque les Gris tentèrent de forcer le processus, ils créèrent une grille autour de la Terre et s'apprêtèrent à ouvrir une fenêtre dimensionnelle. Cette fenêtre pouvait fonctionner dans les deux sens. Pour s'assurer que les Maîtres ascensionnés de la Terre ne les en empêchent, ils firent une fenêtre infiniment petite puis ouvrirent la grille en divers points minuscules choisis au hasard autour du globe. Mais, grâce à l'amour, les Maîtres ascensionnés interprétèrent intuitivement cette intervention et lorsque la fenêtre s'ouvrit, cet amour fut projeté sous forme de lumière pour empêcher l'ouverture dimensionnelle. Les Gris se firent très discrets durant les trois mois suivant cet épisode.

Cet évènement se passa il y a trois ou quatre ans et les Gris savaient que c'était une de leurs dernières chances ici. Ils s'aperçurent que la conscience humaine était prête à reprendre le contrôle de ce qu'on pourrait qualifier de rêve de la planète. C'est effectivement ce qui se produisit lorsque la Péruvienne s'éleva jusqu'à la conscience christique, sortit un navire enfoui dans la Terre et jeta un sort aux Gris. C'est alors que ces derniers comprirent que nous reprendrions le contrôle.

Si je devais souligner une autre particularité de la rébellion luciférienne, ce serait la suivante : l'impression que nous avons que ces faits sont bons ou mauvais n'en demeure pas moins une interprétation limitée. Nous sommes pris dans la troisième dimension, dans la conscience de la polarité. Vu d'un niveau d'existence supérieur, tout ceci n'est qu'un processus organique avec de bons et de mauvais aspects. Tout a une raison d'être et nous mène quelque part.

NOTES

[1]. Preston B. Nichols et Peter Moon, The Montauk Project, Experiments in Time (Westbury, New York : Sky Books 1992).

[2]. Al Bielek et Vladimir Terziski, "The Philadelphia teleportation and time-travel experiments of the Illuminati." vidéo-cassette de 120 minutes (The American Academy of Dissident Sciences, May 1992).

[3]. Richard C. Hoagland, The Monuments of Mars : A City on the Edge of Forever (Berkeley, CA : North Atlantic Books, 1987).

[4]. Richard C. Hoagland, "Hoagland's Mars : The NASA-Cydonia Briefings," Volume One, vidéo-cassette de 83 minutes (Hoagland and Curley, 1991).

[5]. George C. Andrews, Extra-Terrestrial Friends and Foes (Libum, GA : IllumiNET Press, 1993), p. 211.

[6]. Linda Moulton Howe, An Alien Harvest : Further Evidence Linking Animal Mutilations and Human Abductions to Alien Life Forms (Littleton, CO : Linda Moulton Howe Productions, 1989).

14

1972

Commençons cette histoire en revenant à l'époque où Thoth et d'autres Maîtres ascensionnés créèrent synthétiquement la grille de conscience christique sur cette planète, afin de cicatriser la plaie liée à ce qui s'était passé entre Martien et Terriens en Atlantide. Quand les Maîtres ascensionnés entreprirent la construction de la grille, ils firent l'ouverture en Égypte qui établit la liaison avec la flamme de vie dans les Salles d'Amenti et activèrent leur géomancie par le biais des points sacrés autour du monde. Ils calculèrent ainsi que nous nous inscririons dans la quatrième dimension vers l'hiver de 1998 mais qu'à ce moment-là, seuls quelques individus y parviendraient. Cette expérience de création synthétique d'une grille de conscience christique n'avait rien d'exceptionnel. Apparemment, c'est monnaie courante que de faire passer des planètes d'un niveau dimensionnel à l'autre. Aucun être en cet univers n'y a porté attention, cela n'avait rien d'extraordinaire.

Par contre, il y a environ deux cents ans, les Siriens, qui représentent notre aspect paternel, se rendirent compte que nos chances d'y arriver étaient plutôt minces. Ils prévoyaient un événement qui devait avoir lieu en 1972 et savaient que nous devions atteindre la quatrième dimension de conscience à ce moment-là si nous voulions survivre. Si nous nous retrouvions à ce niveau vers 1972, tout irait pour le mieux ; mais dans le cas contraire, tout serait anéanti, plus de planète ! Puis au fil des temps, il paraissait de plus en plus évident que nous n'atteindrions jamais ce niveau de conscience.

Les Siriens ne souhaitaient pas notre disparition. D'une certaine façon, nous sommes leurs enfants, ils éprouvent un grand amour paternel à notre égard. Ils entreprirent des recherches afin de résoudre ce problème mais n'y parvinrent point. Il n'existait aucune manière connue de stabiliser une planète à notre niveau de conscience compte tenu des transformations à venir. Ces mêmes changements avaient déjà détruit des planètes entières. Les Siriens poursuivirent donc leurs recherches pour finalement découvrir qu'un être venant d'une galaxie fort lointaine avait une solution qui n'avait jamais été tentée. Il n'était toujours pas certain que nous ne réussirions pas -- la conscience peut faire des sauts quantiques à longueur de temps, et elle les fait effectivement – mais les Siriens préférèrent prévoir le pire. Ils allèrent donc de l'avant pour concrétiser l'idée ou l'expérience qu'ils avaient trouvée.

Ils décidèrent de fabriquer un véhicule vivant, d'une longueur atteignant les quatre-vingts kilomètres, en forme de cigare, de texture uniforme et de couleur noire, qui portait des formes de vie fusionnées de carbone et de silicium. L'engin reflétait une unité consciente et bien vivante. Une de ses extrémités transparente logeait l'équipage formé de trois cents à trois cent cinquante hommes et femmes de race sirienne issus de la troisième planète. Ils portaient tous des uniformes blancs ornés d'emblèmes en or. Consacrant tout le temps nécessaire à ce projet, ils fabriquèrent aussi huit petites soucoupes volantes qui resteraient inhabitées et qui mesuraient entre 3,50 et 6 mètres de longueur. Les Siriens assemblèrent le tout, étudièrent ses capacités, puis attendirent.

Pendant ce temps, c'est-à-dire en 1972, Drunvalo fut dirigé vers le Canada dès son retour sur terre. Il lui fallait établir un contact secret avec un homme du nom de David Suzuki, un être hautement discipliné qui travaille à divers niveaux. Il étudiait la génétique non pas en regardant à travers un microscope, mais plutôt à travers un télescope. Suzuki croit au principe : "En haut comme en bas." Lorsqu'on observe des objets de très grande taille, on distingue mieux tous leurs mouvements. Il observa donc les mouvements des astéroïdes et en appliqua la substance à sa compréhension de la génétique.

Il s'intéressait également aux activités de notre Soleil et dirigeait une équipe qui l'observait en permanence. Il savait qu'en 1950, les chercheurs avaient été témoins d'un phénomène inconnu de l'expérience humaine. Une spirale de lumière avait fait irruption hors du Soleil et était passée rapidement tout près de la Terre. Il n'avait aucune idée de ce que cela signifiait, mais il savait que cela indiquait la survenue de quelque chose d'étrange.

Comme la Terre tourne sur son axe, l'axe lui-même oscille, créant ainsi plusieurs cycles — la précession lente de 25 920 ans et une autre oscillation qui correspond à l'inclinaison elle-même, oscillant en un mouvement de va-etvient qui prend approximativement 46 000 ans. Il y a encore d'autres oscillations, dont une qui se fait en quatorze ans. Selon Suzuki, nous avions atteint le point culminant de l'oscillation en 1950. Quand la spirale passa près de la Terre, la région sous-tendue par l'oscillation commença à s'élargir, phénomène comparable au ralentissement d'une toupie. Il fallut aux chercheurs quatorze ans d'études pour conclure que ce changement dans l'oscillation aboutirait à une bascule des pôles, donnant à la Terre un nouveau pôle nord et un nouveau pôle sud. Vers 1964, ils en étaient presque certains.

L'équipe de Suzuki étudia ensuite ces données durant quatre ans avant d'agir. En 1968, ils étaient convaincus que le déplacement des pôles était imminent. Suzuki publia un rapport qui fut d'abord transmis au gouvernement canadien et ensuite aux États-Unis, puis à la plupart des autres gouvernements. Ce rapport disait que nous allions avoir un nouveau pôle nord et un nouveau pôle sud. Il précisait que la spirale de lumière quittait le Soleil, avec une précision d'horloge, tous les trois ans, en augmentant d'intensité à chaque fois. Leurs calculs portant sur les dix-huit dernières années aboutirent à la conclusion qu'à un moment donné de l'an 1972, entre août et novembre, l'énergie serait suffisamment intense pour provoquer une explosion sur le Soleil, une explosion sans précédent par rapport à notre expérience. Une autre explosion était prévue pour 1984 et peu après devait suivre la transformation des pôles nord et sud.

L'événement eut effectivement lieu le 7 août 1972. D'après nos observations — nous ne savions pas, bien sûr, que les Siriens étaient intervenus — ce fut le plus grand événement jamais observé. Dans son livre intitulé The Space Almanac, Anthony R. Curtis l'a qualifié de "tempête solaire la plus intense jamais enregistrée".[1] Selon Science News : "Les premiers jours du mois d'août ont connu une perturbation sévère au niveau du Soleil, laquelle a produit quatre éclats entre le 2 et le 7 août ; ceux de début d'août figurent parmi les plus importants jamais enregistrés... L'éclat du 7 août a déstabilisé les détecteurs de rayons X"...[2] La vitesse moyenne du vent solaire, qui est de 500 km/s, fut multipliée par 2,5 pendant trois jours, puis par 1,5 les trente jours suivants. L'impossible s'était produit. On rendit compte de cet événement dans toutes les grandes revues scientifiques du monde et dans plusieurs journaux. Néanmoins, les scientifiques, n'en comprenant pas la signification, ne firent que publier des données.

Six mois plus tard, David Suzuki convoqua une réunion scientifique mondiale afin de discuter des implications de cette explosion. Drunvalo le quitta à peu près trois mois avant la rencontre. Il n'est donc pas au courant de ce qui s'y passa. En revanche, il sait qu'il y eut un grand nombre d'informations publiées sur ce sujet avant même que la rencontre n'ait lieu, c'est-à-dire du mois d'août au mois de novembre 1972. Après la réunion de juin ou juillet 1973, il y eut un "blackout", comme si cet événement n'avait jamais eu lieu.

Si les Siriens n'étaient pas intervenus, l'explosion nous aurait vraisemblablement tous tués. Elle aurait tout détruit sur la planète, y compris les algues et les microbes. En réalité, notre Soleil était prêt à se dilater pour former une énorme vibration rouge dans l'orbite de Jupiter ou aux environs, qui aurait duré environ mille ans, puis le Soleil aurait retrouvé sa taille normale. Si nous avions été préparés, c'est-à-dire si nous étions au niveau de conscience christique ou au-dessus, nous aurions pu nous y harmoniser et faire un voyage fort agréable. Mais comme nous avions atteint de si bas niveaux de conscience depuis les événements de l'Atlantide il y a 16 000 ans et que nous n'avions pas encore atteint la conscience christique, nous n'étions certainement pas prêts.

À l'époque, 144 000 races provenant des autres niveaux dimensionnels vinrent nous aider. Vers la mi-janvier de l'année 1972, 80 000 d'entre elles étaient présentes. Elles eurent une très longue discussion sur l'imminente vibration rouge et 79 900 de ces cultures conclurent que la cause était désespérée, qu'il n'y avait pas la moindre prière capable de sauver l'humanité et qu'il était préférable de partir. Elles s'en retournèrent, fidèles à leur politique de non-intervention. La centaine d'autres cultures provenant des Pléiades, d'Aldebaran, d'Actura et d'autres conduites par les Siriens décidèrent de rester afin d'apporter l'aide nécessaire.

Outre l'équipement et les moyens nécessaires, les Siriens avaient aussi des ambassadeurs. Au moment où la situation fut déclarée inespérée, ils envoyèrent leurs ambassadeurs au Commandement Galactique afin d'obtenir la permission de mener l'expérience. Si pas un seul être humain n'avait pu survivre à l'explosion du Soleil, ils n'auraient pas reçu l'autorisation de poursuivre. Le Commandement Galactique les interrogea sur les probabilités de survie résultant de l'expérience. Les Siriens n'en savaient rien, mais supposèrent que deux minimum et dix maximum s'en sortiraient.

Une telle autorisation dépendait d'un point capital, qui était qu'au moins une personne survive. Comme il s'agissait d'une première expérience, ils n'avaient pas la moindre idée des probabilités de survie. Les Siriens reçurent l'autorisation et en trente jours les préparatifs furent terminés. Ils lancèrent le vaisseau en forme de cigare à l'extérieur immédiat de la membrane de conscience terrestre, à 700 000 kilomètres de la Terre. Le vaisseau fut harmonisé sur une harmonique plus élevée, ce qui le rendait invisible à nos yeux. Ils installèrent les huit petites soucoupes volantes à l'apex des huit points du tétraèdre, c'est-à-dire les huit points de l'étoile tétraédrique encerclant la Terre. Il y a une étoile tétraédrique gravée dans la Terre, et il y en a une autre beaucoup plus importante à 16 000 kilomètres au-dessus de la surface terrestre. Les pointes correspondent au système de chakras de la planète ; elles furent elles aussi harmonisées sur une harmonique dimensionnelle plus élevée que la Terre.

Depuis le vaisseau, ils envoyèrent un rayon laser d'une intensité qui nous est inconnue. Le faisceau mesurait 20 centimètres de diamètre, et était formé de petits segments de lumière numérique se déplaçant, bien sûr, à la vitesse de la lumière. Cette lumière passait d'une dimension à l'autre.

Le faisceau pénétra dans le pôle nord et heurta la petite soucoupe volante située à la pointe tétraédrique. L'énorme volume d'informations contenu dans le rayon laser fut traduit en trois rayons primaires : un rouge, un bleu et un vert, qui à leur tour furent transmis aux trois autres vaisseaux. Ces vaisseaux répétèrent l'opération en transmettant les rayons aux trois autres jusqu'à ce qu'ils atteignent le pôle Sud. À partir de là, ils furent retraduits en informations et projetés au centre de la Terre. C'est grâce au processus de réfraction que ces informations se propagèrent en minuscules faisceaux lumineux par milliards à travers la planète. En regagnant la surface terrestre, ces faisceaux atteignirent tous les êtres humains et les animaux de la planète.

Rappelons-nous que les Siriens devaient nous protéger d'un mur de flammes et c'est ainsi qu'ils y parvinrent. Non seulement ils avaient le devoir de nous protéger, mais ils devaient le faire sans que nous soyons conscients de cette protection. Notre connaissance de cette intervention aurait complètement modifié l'équation humaine. Ils devaient aussi accélérer notre évolution pour que nous puissions apprendre à manœuvrer un mur de flammes. Ils encerclèrent la Terre, ainsi que chaque être humain et chaque animal, d'un champ holographique. Ils se mirent alors à programmer des événements à l'intérieur ces champs holographiques. Ils ne firent aucun changement important durant les premiers mois, mais se contentèrent de prendre le contrôle. Puis ils programmèrent notre ciel de façon à le transformer en hologramme et dirigèrent le tout comme si rien ne s'était passé. Ensuite, ils entreprirent de programmer des événements de nos vies afin que nous puissions évoluer aussi rapidement que possible. En même temps, ils nous protégeaient du mur de flammes.

Une toute nouvelle direction amorcée entre l'été de 1972 et celui de 1974 constitua notre héritage. Nous commençâmes à accélérer le rythme de notre évolution au-delà de toute attente. Cette expérience réussit au-delà de ce qu'ils avaient imaginé ; les survivants ne se comptent plus par dizaines, si l'on considère qu'il y en a maintenant près d'un milliard et demi qui passeront sur le prochain niveau. Nous avons évidemment tous été protégés du mur de flammes, puisque que nous sommes encore là. L'intervention sirienne donna aussi le temps d'achever la grille synthétique de conscience christique. Sans cette dernière, personne ne peut atteindre le prochain niveau de conscience. La grille fut achevée le 4 février 1989.

En temps normal, lorsqu'une planète entre dans la conscience christique, très peu de gens parviennent à y vivre et à comprendre cette nouvelle réalité. Les autres descendent à un niveau de conscience inférieur et, à long terme, les quelques initiés les soutiennent jusqu'à ce que la planète entière atteigne le niveau de conscience christique.

On connaît également différents niveaux de conscience christique. Ceux qui appartiennent à la quatrième dimension sont les dixième, onzième et douzième harmoniques. La planète met habituellement beaucoup de temps pour franchir toutes ces étapes. Les deux premières harmoniques de la quatrième dimension contiennent le plan astral, là où des formes de pensées très puissantes ont vu le jour. La troisième harmonique accueille les morts, et la quatrième est la demeure des fées et des esprits des arbres. Les royaumes angéliques se situent entre la septième et la neuvième harmonique. On atteint la conscience christique à partir de la dixième harmonique de la quatrième dimension. C'est donc vers une de ces harmoniques supérieures de la quatrième dimension que nous nous dirigeons.

La géométrie de la grille de conscience entourant toute planète se transforme lors des changements de conscience de celle-ci. Ces changements sont plutôt rares. Les changements mineurs se font habituellement sur des milliers d'années. Actuellement, les transformations de la grille encerclant la Terre ont lieu toutes les heures, phénomène pour le moins inhabituel qui a attiré l'attention d'êtres habitant tous les régions de la galaxie. C'est à cause de notre position à l'intérieur du système qu'il nous est difficile de percevoir notre vitesse de déplacement. Par contre, pour les êtres nous observant de l'extérieur, c'est évident. Il s'agit d'un événement tellement particulier que nous passons maintenant sur la télévision galactique interdimensionnelle. C'est ce qui explique que les deux harmoniques supérieures ressemblent à un parking. Tous les êtres s'harmonisent avec nous pour rester à l'écoute de l'événement, car ils savent très bien que ce que nous pourrions subir les toucherait aussi. La vie serait partout affectée. Selon Thoth, une analogie de notre vitesse d'évolution serait celle d'un nouveau-né devenant adulte en quinze minutes. C'est absolument unique. Il n'en existe aucun souvenir, et ce, même au niveau de Melchizedek. C'est apparemment l'expérience la mieux réussie parmi toutes celles qu'on ait pu faire. Drunvalo pense maintenant qu'elle a peut-être fait partie du plan divin depuis le commencement.

Néanmoins, les Maîtres ascensionnés ignorent les conséquences de cet événement. Thoth voulait s'assurer que

Drunvalo comprenne bien cela. Bien que l'expérience semble être un succès, les Maîtres ascensionnés continuent d'imaginer des plans d'action qui deviennent désuets avant même qu'ils ne puissent les réaliser. Au tout début, Thoth et d'autres Maîtres ascensionnés croyaient que la planète atteindrait la masse critique vers la dernière semaine d'août ou dès la première semaine de septembre 1990, et que nous passerions à un autre niveau dimensionnel au printemps de 1991. Les Maîtres ascensionnés disaient qu'ils fusionneraient alors pour quitter la Terre, dans une sphère lumineuse, et accéder à un autre niveau de conscience, ce qui nous attirerait vers eux et servirait ainsi d'élément déclencheur pour notre ascension.

Au lieu de cela, au mois d'août 1990, ce fut l'invasion du Koweit par l'Irak. Les plus grandes nations de la planète se regroupèrent effectivement, ne serait-ce que pour se préparer à déclarer la guerre à l'Irak. C'est pour cette raison que les Maîtres ascensionnés retardèrent leur départ. Nous constituâmes une sorte d'unité planétaire en nous regroupant contre un seul homme d'un seul pays. Ce fut un autre fait unique inscrit dans l'histoire. Jamais auparavant la planète presque entière ne s'était réunie contre un seul individu. Même les guerres mondiales étaient différentes. À cause de la guerre irakienne, les Maîtres ascensionnés créèrent un nouveau plan selon lequel trente-deux d'entre eux s'élèveraient simultanément dans un merkaba. C'est ainsi que Thoth partit le 4 mai 1991. Cet événement nous permet une ascension plus progressive qu'instantanée. À chaque intervention de ce genre, nous connaissons une élévation de conscience accélérée. Ils en sont maintenant à calculer la date de ces événements.

Avant de partir, Thoth dit à Drunvalo que, d'après lui, nous ne connaîtrons pas la bascule des pôles violente et soudaine qui accompagne généralement la transformation de conscience d'une planète. Nous traverserons plutôt une série d'étapes en toute lucidité et de manière très harmonieuse. Les Maîtres ascensionnés tenteront d'en faire une transformation de conscience contrôlée.

Drunvalo croit que toutes les prédictions concernant l'avenir de la planète ne sont plus valables. L'expérience sirienne de 1972 a tout modifié. Nostradamus a fait preuve d'une grande précision dans ses prédictions jusqu'à l'an 1972, mais depuis ce temps, elles ne sont plus justes. Suzuki était convaincu qu'une bascule des pôles surviendrait en 1984. Lorsque vint 1984, nous étions dans une tout autre position. Thoth croit que nous vivrons l'unique expérience ultime que la vie ait connue. Avant la fin de ce siècle, tous les individus restant sur la planète passeront ensemble dans la prochaine dimension.

Les individus qui mourront durant ce processus atteindront la Conscience Christique à travers la résurrection. Nous traverserons cette phase de changement en tant que planète consciente, comme si nous avions évolué d'un million d'années. De nombreuses formes de vie de toute provenance tiennent à nous rejoindre, soit par la naissance, soit comme walk-in, afin de vivre une expérience unique. Il semble que nous ayons triomphé et que nous nous retrouverons non seulement dans les harmoniques supérieures de la quatrième dimension, ce qui sera la première étape, mais aussi bien au-delà. À un moment donné, vraisemblablement en 2012, nous enjamberons des octaves universelles, ce qui correspond à un autre événement jamais vu dans l'histoire de notre univers. Mais personne ne connaît notre destination.

Notes

[1]. Anthony R. Curtis, The Space Almanac (Woodshire, MD : Arcsoft Publishers, 1990).

[2]. Science News, Washington DC : Science Service, Inc., Vol. 102, No. 8, 19 août, 1972.

15

Le gouvernement secret

Qu'on le nomme gouvernement secret, Illuminati, Bilderbergers, Commission trilatérale ou Conseil des relations extérieures, ce n'est pas valable. Le "gouvernement secret" est essentiellement formé des individus les plus riches du monde. Ils sont environ 2 000 et contrôlent nos soi-disant gouvernements depuis fort longtemps. Ils décident de qui sera élu au moment et à l'endroit voulus ; ils décident aussi des guerres. Ils ont le contrôle sur les pénuries alimentaires et sur les fluctuations économiques des pays. Tous ces éléments sont entièrement dominés par cette élite. Il n'y a pratiquement que les désastres naturels qui leur échappent.

C'est entre les années 1900 et 1930 que les Gris contactèrent cette élite. C'était évidemment bien avant 1943, puisque les scientifiques utilisèrent les renseignements transmis par les Gris lors de l'Expérience de Philadelphie. Nikola Tesla, un physicien qui fut directeur de l'Expérience de Philadelphie, fit mention du fait qu'il recevait des renseignements des extra-terrestres, mais personne ne le crut à l'époque.[1]

Au début, le gouvernement secret croyait que les Gris agissaient bénévolement et passèrent donc un accord avec eux. En fait, ils étaient convaincus que les Gris étaient la meilleure chose qui pouvait arriver, une nouvelle source de pouvoir illimité. L'accord accorda droit aux Gris le droit de faire des expériences sur la planète en échange de leur technologie. Notre évolution accélérée est le fruit de cette technologie.

En 1968, lorsque Suzuki prédit que nous aurions un nouveau pôle nord et un nouveau pôle sud et que cela détruirait à peu près tout sur la planète, le gouvernement secret décida de quitter le globe. En 1970, ils firent fusionner l'Union soviétique et les États-Unis. Cette unification explique la fin de la guerre froide.

Le gouvernement secret, qui n'a jamais partagé la technologie des Gris avec l'humanité, a tellement évolué sur le plan technologique que cela dépasse notre imagination. Ils possèdent des OVNI depuis longtemps et on estime qu'au moins cinquante pour cent des OVNI observés nous appartiennent.[2] Ils ne sont pas d'origine extra-terrestre, mais appartiennent au gouvernement secret, lequel emprunta les technologies des Soviétique, des Américaine et des Gris afin de créer des véhicules qui leur permettraient de s'enfuir avant la grande bascule. Ils se mirent à se préparer très rapidement, croyant qu'il ne restait que peu de temps, c'est-à-dire à peu près quatorze ans selon les prédictions de Suzuki.

En premier lieu, le gouvernement secret installa une base sur la Lune, qui allait servir de satellite pour s'enfoncer dans les profondeurs de l'espace. Ils construisirent d'abord trois petites cités en forme de bulle sur la face cachée de notre satellite. Un accident survenu dans une d'entre elles provoqua le décès de plusieurs personnes. Les documents indiquent qu'il y a eu plus de 2000 missions secrètes sur la Lune.

A partir du moment où les membres du gouvernement secret eurent accumulé suffisamment de matériel sur la Lune, ils s'enfoncèrent dans les profondeurs de l'espace et où croyez-vous qu'ils allèrent ? Sur Mars, bien entendu, sur le territoire ancestral des Gris. Sur Mars, ils bâtirent une ville clandestine extrêmement complexe conçue pour les abriter, eux et quelques autres individus. Leurs intérêts étaient essentiellement centrés sur leur propre survie et ils ne souciaient guère des autres. Ce fut d'ailleurs leur style tout au long de l'expérience, car ils étaient devenus semblables aux Gris en perdant leur corps émotionnel. Ils apportèrent tout ce dont ils pouvaient avoir besoin sur leur colonie martienne.

Selon Al Bielek, qui participa au Projet Montauk (officiellement le Projet Phoenix) :

> "Une des fonctions des Tunnels de Temps conçus par le Projet Phoenix était de servir de refuge aux colonies martiennes. Celles-ci sont là depuis le début des années soixante-dix. Nous sommes officiellement allés sur la Lune en 1969. Mais en réalité, les Allemands y étaient en 1947 et nous y étions en 1962 lors d'une expédition conjointe des États-Unis et de la Russie. Ils sont allés sur Mars le 22 mai 1962. Le film "Alternative 3", produit par la télévision Anglia le 1er avril 1977 et disponible sur le marché clandestin, décrit cette expédition en détails. Il nous montre la véritable émission — des photos en couleur prises par télévision de la planète Mars au moment où Explorer atterrit. Nous avons des colonies sur Mars depuis la fin des années soixante ou le début des années soixante-dix."[3]

À l'époque, ils souhaitaient que personne ne sache ce qu'ils faisaient, mais ils ne voulaient pas non plus qu'on rivalise avec leur technologie. Tout individu travaillant avec la technologie de pointe était freiné d'une manière ou d'une autre (ex : ordre de le bâillonner). S'ils n'arrivaient pas à les arrêter, ils s'en débarrassaient.

Vers 1984, la ville martienne du gouvernement secret était achevée. Ils croyaient vraiment s'être tirés d'affaire. Puis il y a quelques années, vers 1989 (bien que Drunvalo ne soit pas certain de la date exacte), ils firent une découverte bouleversante. La Terre ne constitue pas le seul endroit où il y ait un risque de bascule des pôles. C'est susceptible d'arriver sur toutes les planètes de notre système solaire, y compris la planète Mars. Sept à neuf mois plus tard, une autre nouvelle les ébranla : ils apprirent que nous ne vivions pas seulement une transformation physique, mais aussi un changement de conscience interdimensionnel. Ils se sentirent désemparés, tout comme les Gris, car il n'y avait pas grand chose à faire. Ils prirent alors conscience qu'ils ne pourraient survivre que par l'amour et la conscience d'unité.

Cette situation reflète l'événement survenu en Atlantide il y a 16 000 ans, resté ignoré sur terre, au cours duquel les Martiens tentèrent de se séparer du reste du monde. Les membres de notre gouvernement secret savent qu'ils ne peuvent désormais survivre seuls. Ils laissent seuls des gens comme Drunvalo, qui pourraient détenir des solutions et les aider.

Revenons en arrière un instant afin de revoir les recherches de Richard Hoagland concernant les monuments sur Mars. L'étrange désintéressement de la NASA par rapport à ces recherches est précisément dû au fait que la planète Mars n'est pas celle que nous devrions étudier. Il se passe bien des choses sur Mars qu'ils ne veulent pas que nous sachions. La NASA a fait tout ce qu'elle a pu pour ridiculiser les informations sur les monuments et ainsi détourner notre attention.

Tant que ces gens seront en accord avec les Gris, ils resteront sans émotions bien qu'ils soient extrêmement intelligents. S'ils pouvaient imaginer une autre manière de s'en sortir, ils agiraient probablement en conséquence, mais ils se rendent actuellement compte que, d'après des formes de vie beaucoup plus évoluées que les Gris, leur survie dépend de la nôtre ; nous formons un tout.

C'est ce que souhaitent les Êtres supérieurs depuis le désastre de l'Atlantide. Ils ne voulaient pas que les Terriens survivent aux dépens des Martiens ou l'inverse. Ils désirent voir les deux peuples survivre pour leur propre évolution.

NOTES

[1]. Preston B. Nichols et Peter Moon, The Montaux Project : Experiments In Time (New York : Sky Books, 1992), Appendice E.

[2]. Gordon-Michael Scallion, “UFOs From Earth,” The Earth Changes Report (Westmoreland, NH : The Matrix Institute, Vol. 2.4, premier mai, 1992).

[3]. Al Bielek, cité à partir d'un entretien avec Susanne Konicov, The Connecting Link (Grand Rapids, MI : Susanne Konicov, no. 19).

* Autres sources consultées pour ce chapitre : Science Report, "Alternative 3," tiré d'une diffusion de Anglia Television Limited, Norwich, England, 1er avril 1977, Anglia Productions, rédigé par David Ambrose, réalisé par John Rosenber ; et Milton William Cooper, The Secret Government, The Origin, Identity, and Purpose of MJ-12 (Huntington Beach, CA : Manuscript copyright 1989).

16

Ce qui se passe ordinairement

Drunvalo ne sait pas ce qui se passera lors de la bascule des pôles, et il y a fort à parier que personne d'autre ne le sait, parce que ce qui se passe est exceptionnel. Thoth et les autres Maîtres ascensionnés croient toutefois que nous connaîtrons un passage d'une dimension à une autre beaucoup plus organique, doux et conscient que par le passé.

En revanche, Drunvalo sait ce qui se passe ordinairement lors d'une bascule des pôles. À l'approche du point de précession des équinoxes où se produit la bascule, tout commence à s'effondrer.

L'élément clef réside dans le champ magnétique de la Terre, que nous utilisons pour interpréter ce que nous pensons être, ainsi que pour enregistrer nos souvenirs. Cette fonction peut facilement se comparer à celle d'un ordinateur. Nous avons besoin d'une certaine forme de champ magnétique pour traiter les données.

Durant la période de pleine lune, on note une augmentation des meurtres, des viols et des autres crimes parce que la Lune provoque une bulle sur le champ magnétique. Cette minuscule bulle suffit pour faire basculer les individus perturbés émotionnellement.

À l'approche de la grande bascule, tout commence à se déséquilibrer et le champ magnétique se met à fluctuer de manière significative pour une courte durée (de trois à six mois). Ce phénomène est comparable à une pleine lune qui deviendrait de plus en plus grosse et de plus en plus brillante. Les gens deviennent alors fous émotionnellement. Les structures économiques et sociales s'en ressentent, car elles sont contrôlées par des individus. Lorsqu'ils perdent le contrôle, tout le reste s'effondre.

Il semble que cela puisse être évité cette fois-ci. Il se peut que nous soyons capables de maintenir l'harmonie du champ magnétique.

Habituellement, les bascules de pôles et de dimensions sont simultanées. Durant les cinq ou six heures précédant la bascule, un phénomène visuel extraordinaire se produit. Les troisième et quatrième dimensions commencent à se relier. La conscience de la troisième dimension s'éloigne graduellement de nous au moment où nous approchons de la quatrième.

Quand la grille de la troisième dimension commence à s'effondrer, les objets synthétiques disparaissent. Cela explique que malgré une histoire de 500 millions d'années de vie très évoluée sur la planète, il n'en reste pratiquement aucune preuve. Afin de survivre aux bascules des pôles, les objets doit être fait uniquement de matériaux naturels, comme les pyramides et le Sphinx, de matériaux qui sont en résonance avec la Terre. Malgré cela, pratiquement tout sur la planète éclate littéralement.

Lorsque les objets synthétiques commencent à disparaître, des objets de la quatrième dimension peuvent soudainement émerger. Des formes et des couleurs différentes de tout ce que l'on connaît apparaissent.

Afin de passer consciemment de la troisième à la quatrième dimension, il est habituellement nécessaire de créer un merkaba, bien que cette fois-ci cela puisse être un peu différent. Selon Drunvalo, nous avons déjà atteint le point où un milliard et demi de personnes effectueront pour de bon la bascule consciemment et les Maîtres ascensionnés prédisent que tout le monde ou presque atteindra la prochaine dimension. Il est même possible que les gens connaissent ou se souviennent du merkaba, quoiqu'ils ne parviennent pas à savoir d'où leur vient cette connaissance.

Même si nous sommes capables de maintenir l'harmonie du champ magnétique jusqu'au moment de la transformation, il y aura presque assurément une période de trois jours et demi où il disparaîtra complètement. Si vous pouvez manifester un merkaba, vous possédez votre propre véhicule d'espace-temps encerclant votre corps, ce qui remplacera le champ magnétique effondré et vous permettra de passer d'une dimension à l'autre.

Dès l'effondrement du champ magnétique, la Terre disparaîtra à vos yeux et vous vous retrouverez dans le Grand Vide. La durée de ce "bardo" est de trois jours et demi. Puis la vie reviendra dans le monde de la quatrième dimension.

Vous vous retrouverez alors un monde totalement nouveau que vous n'avez jamais imaginé. Vous y êtes déjà allés à maintes reprises, mais vos souvenirs ont été effacés. Vous serez semblables à un bébé qui doit encore tout découvrir des couleurs et des objets.

Une comparaison entre ce monde et le suivant est la Sainte Trinité, c'est-à-dire la mère, le père et l'enfant. Au moment de votre arrivée dans le monde nouveau, vous serez accueillis par deux êtres, un masculin et un féminin, le père et la mère. Vous sentirez un lien d'amour très profond avec ces êtres. Quand vous serez entrés dans la quatrième dimension, il vous faudra deux ans d'expériences pour grandir et mûrir. Cette croissance est d'ailleurs littérale, étant donné que la taille des êtres à ce niveau varie entre 3 mètres et 4,80 mètres. Vos nouveaux parents vous aideront et vous guideront durant votre croissance.

Vous ressemblerez à ce que vous êtes actuellement, mais vous serez vraisemblablement nus. Les vêtements ne passent habituellement pas de l'autre côté. En revanche, la structure atomique de votre corps sera totalement transformée. La masse de vos atomes sera convertie en énergie. Les différents atomes s'écarteront les uns des autres à des distances phénoménales. La plus grande partie de votre corps sera énergie, ou corps de lumière. Souvenez-vous qu'en ce monde nouveau, vous serez à même de créer votre réalité instant par instant avec vos pensées. Les manifestations seront instantanées : si vous pensez "orange", une orange apparaîtra instantanément, vous n'aurez qu'à la peler et la manger.

C'est pourquoi les pensées de paix, d'amour, de beauté sont importantes. Si vous êtes poussé par la peur dans la quatrième dimension, vous créerez et manifesterez cette réalité spontanément et vous serez confrontés à quelque chose de terrifiant, comme un ennemi tentant de vous assassiner. Vous manifesterez alors immédiatement un fusil et vous l'abattrez. Après avoir agi ainsi, vous serez catapulté dans la troisième dimension, où le lien de cause à effet se manifeste plus lentement. La qualité des pensées est d'une importance capitale dans la quatrième dimension. C'est ce que voulait faire comprendre Jésus quand il insistait sur la pureté des pensées. L'amour, la paix, l'harmonie et la gentillesse envers votre prochain sont absolument essentiels, parce que leur fonctionnement est réciproque.

Ces éléments sont également importants dans la troisième dimension mais, à cause du délai de manifestation, nous nous en échappons en jouant les innocents et en refusant de voir les liens de cause à effet. La troisième dimension semble être un royaume permettant de maîtriser les limitations et le sentiment de victime. Dans le sentiment de victime, la vraie victime est celle qui ne sait pas qu'elle crée sa réalité et croit que les événements lui arrivent par hasard.

17

REBIRTH (L'ART DE RENAÎTRE)

Le rebirth est un outil qui vous permet de rencontrer directement L'Esprit qui vit en toute chose. De plus, il vous enseigne comment créer pour vous-même une sensation continue de profonde harmonie.

La seule manière de s'harmoniser avec L'Esprit est de le découvrir à l'intérieur de soi. C'est la seule manière, et ce faisant, on entre en harmonie avec le pouvoir infini de l'univers.

Le rebirth enseigne comment respirer l'énergie en même temps que l'air. C'est la même énergie qui a conçu et qui soutient votre corps ; c'est la force vitale ou prana. Elle est parfaitement capable de purifier, d'équilibrer et de guérir votre corps.

Le rebirth implique beaucoup plus que le processus de respiration. C'est une combinaison d'une respiration consciente d'énergie et d'une réflexion appropriée, fonctionnant en accord pour vous harmoniser.

Cette pratique consiste en respirations rythmées dont l'inspiration et l'expiration se font consécutivement sans la moindre pause. L'accent est mis sur l'inspiration, alors que l'expiration se fait d'une manière détendue. Ce genre de respiration facilite les mouvements de l'énergie dans votre corps, d'une énergie très pure, d'une énergie lumineuse très intense, de l'énergie de la vie elle-même. La tendance naturelle de cette énergie est d'attirer votre attention sur tout ce que vous retenez et qui est moins pur qu'elle-même.

Encore une fois, le rebirth est beaucoup plus qu'une simple respiration. Le processus exige aussi que vous développiez votre capacité de vous détendre, de vous harmoniser, d'être en paix et de vous sentir en paix avec tout ce qui habite votre corps, ce qui aboutit à une libération émotionnelle. L'attention est centrée sur l'expansion, de façon à intégrer toutes les sensations physiques de votre corps, depuis les émotions (qui créent une certaine sensation) jusqu'au picotement puis au frémissement, et ainsi de suite. Ces sensations fusionnent progressivement pour donner un plus grand sentiment de bien-être. Ceci vous permet de libérer la négativité qui est la conséquence d'émotions refoulées.

Le rebirth consiste à achever le passé. Tout ce qui n'a pas été achevé dans le passé vit dans le corps, absolument, totalement et complètement, sous forme de ce qu'on pourrait appeler l'énergie bloquée maintenue en place par une respiration superficielle. Ce sujet devrait sembler familier à ceux d'entre vous qui ont suivi des programmes de travail sur le corps.

Comparez le rebirth à la manière dont vous auriez peut-être contrôlé les émotions indésirées auparavant. Prenons la colère par exemple. En premier lieu, il ne s'agit certainement pas d'une colère du temps présent, mais vraisemblablement d'une colère provenant d'événements passés déclenchée par une expérience du présent. C'est ainsi qu'agissent les réactions inachevées ; elles continuent à se manifester dans le présent mais, généralement, nous leur résistons. C'est un cercle sans fin. Une des façons de lutter contre la colère est de l'intérioriser en la niant, en la refoulant ou en s'accusant. Une autre manière consiste à l'extérioriser en accusant les autres, en frappant et en criant. Aucune de ces approches ne peut entraîner de libération émotionnelle.

Ce qui marche, c'est d'appliquer le processus de rebirth, c'est-à-dire la respiration reliée. On y apprend à respirer en rapport avec ses sentiments, à les sentir avec subtilité et à faire la paix avec ce que l'on ressent.

Agir au niveau des sentiments donne des résultats beaucoup plus rapides que d'agir directement avec la pensée. Il n'est pas nécessaire d'avoir une compréhension cognitive de ce qui se passe. Vous pouvez le faire entièrement au niveau des sensations. Ceci modifiera la manière dont votre pensée interprète les situations.

Le contexte dans lequel vous vivez votre expérience est fondamental pour le développement de votre capacité à vous détendre et à capter les sensations corporelles. Vous devez au moins accepter les sensations comme elles se présentent, même si elles vous déplaisent. Cela marchera. Il est encore plus utile, cependant, d'accepter tout ce que vous ressentez comme étant un processus de guérison. En vous détendant et en accueillant vos sentiments les plus profonds, vous créerez votre propre guérison. Cela vous amènera finalement à un sentiment de gratitude, car vous accepterez les choses telles qu'elles sont.

Souvenez-vous que la fonction naturelle de l'énergie, alors qu'elle circule dans votre corps, est d'attirer votre attention sur tout ce que vous avez pu refouler. C'est là l'aspect physique. Heureusement, elle agit étape par étape. Vous ne recevez par conséquent que ce dont vous pouvez venir à bout. Une étape à la fois, respiration par respiration, et les émotions ou les sentiments que vous avez jusqu'à présent évités sont portés à votre attention par l'énergie en mouvement. Le terme "éviter" signifie dans ce contexte que vous avez jugé que quelque chose était faux par rapport à ces sentiments ou à ces émotions.

J'aimerais maintenant regrouper quelques termes : critique négative, jugement et résistance. En utilisant un de ces termes, je les associe généralement tous. Or, lorsque vous jugez ou critiquez négativement quelque chose, vous bloquez l'énergie. Ce qui importe le plus, c'est d'avoir la volonté de changer ses idées à propos de ce que l'on critique négativement.

Une séance de rebirth se déroule dans un climat de sécurité et de confiance, et cet environnement vous donne une capacité accrue d'accompagner les sensations émotionnelles et physiques dans la détente. C'est ainsi que commence le processus d'accomplissement. Le glissement vers un contexte positif donne cette capacité accrue d'accepter les choses comme elles sont plutôt que de leur résister. Si l'on est mal à l'aise avec une sensation ou une humeur et qu'on l'évite, ses exigences deviennent pour nous plus fortes et plus difficiles à fuir. C'est en lui résistant que nous lui offrons de l'énergie. Si vous respirez contre cette résistance, vous ne faites que l'amplifier. Tout ce que vous tentez d'éviter devient une confrontation sans fin. D'un autre côté, vous pouvez facilement traverser le même problème et le dissoudre en l'accompagnant.

Lorsque vous respirez l'énergie et que vous apprenez à vous détendre et à vous harmoniser avec les sensations, que vous les ressentez vraiment dans votre corps et leur permettez d'être exactement ce qu'elles sont, le processus de guérison commence. Il peut être facile, agréable et même divin.

Après avoir dit tout ceci, je dirais que ce qui importe davantage, c'est que rien ne doit être interprété littéralement, rien n'est gravé dans la pierre. Il faut tout d'abord avoir la volonté de participer au processus, et c'est ce qui compte le plus. Ceci implique la volonté de relâcher tout ce que l'on a refoulé et de sentir que la paix et le bonheur valent plus pour vous que le fait d'avoir raison ou de vous venger. Cette volonté est l'élément clef du processus. Avec elle, il n'est pas utile de tout faire à la perfection et la séance sera tout aussi efficace.

Le facteur primordial dans toute pratique, que ce soit faire du vélo ou respirer de l'énergie, est la volonté de le faire avec engagement. Si l'engagement et la volonté sont solides comme un roc, vous apprendrez et tout ce qui se passera contribuera à l'achèvement du processus. Cette volonté par elle-même vous donne l'immense liberté d'être, tout simplement. La liberté vous donne une plus grande capacité à vous détendre et à laisser l'énergie circuler.

Afin de faire l'expérience directe de l'unité d'être, vous devez vous dilater pour y entrer entièrement. En d'autres mots, l'habitude de vous compartimenter est le résultat direct de la dualité, de la création d'une source externe plutôt qu'interne. Nous avons tendance à compartimenter les parties fragmentaires de notre être, c'est-à-dire les choses inachevées du passé et les choses que nous préférons fuir. Nous croyons nous en débarrasser ou les enterrer pour ne pas avoir à leur faire face, mais c'est une manière de dire que certaines parties de nous-mêmes sont honteuses ou mauvaises, et cette partie sera toujours présentée comme moins pure par la respiration.

Il est impossible de connaître l'unité d'être lorsque vous retenez ainsi votre vie, votre être. Le développement de votre capacité d'accepter la sécurité et la confiance sous-jacentes de l'univers dans le contexte d'une séance de rebirth vous donne la capacité accrue d'accompagner les choses auxquelles vous avez résisté. Si vous les vivez de cette manière, elles commencent littéralement à se dissoudre et, ainsi, les dualités finissent aussi par se dissoudre. C'est-à-dire que les événements s'élèvent pour se dissoudre avec la respiration. Peu importe qu'ils proviennent de l'enfance, de la naissance, des vies antérieures ; peu importe votre interprétation. Ce qui compte, c'est que ces énergies refoulées se dissolvent. Il en résulte l'unité d'être en tant que présence vivante en vous-même. Vous vivez une expérience directe et non théorique de l'Esprit vivant dans votre corps.

Cette expérience est comparable à l'intégration des deux hémisphères du cerveau. Le côté conceptuel masculin fusionne avec le côté intuitif féminin.

J'insiste sur le fait qu'il ne s'agit pas d'un processus de régression pour vous ramener à la naissance, à la tendre enfance et ainsi de suite, bien que des souvenirs des expériences vécues à ces moments-là puissent surgir durant une séance. Ce qui compte au sujet des choses inachevées du passé, c'est d'identifier ce que vous traînez et qui continue à se manifester dans le présent. Votre meilleure porte d'accès à ces sentiments est dans le présent. Ce que vous transportez sous forme d'énergie refoulée crée une sensation à laquelle vous pouvez accéder de cette façon.

La technique comprend donc la respiration, la détente, l'harmonisation avec les sentiments et le changement de la manière dont vous êtes habitué à les refouler par l'évitement, la résistance et la critique négative. Elle concerne le développement de votre identité, une respiration après l'autre, pour y inclure ces sentiments, afin qu'ils puissent s'intégrer pour donner une plus grande sensation de bien-être. Si vous faites cela, le passé commence à s'achever.

L'apprentissage du rebirth avec l'aide d'un professionnel vous fournit un outil que vous pouvez utiliser à tout moment pour provoquer une libération émotionnelle, puis éveiller l'expérience de l'unité d'être.

Au fil du temps, vous apprendrez à vous fier de plus en plus à votre propre autorité plutôt qu'à une autorité extérieure. Vous apprendrez de plus en plus que la source est à l'intérieur et non à l'extérieur.

L'enseignant est la respiration même. Elle se révèle à vous à son propre rythme. Le rythme de son évolution vous convient parfaitement, mais il diffère d'un individu à l'autre.

Votre respiration est le véhicule qui peut vous mener à votre propre source, le moi supérieur qui réside en vous.

Les vingt respirations reliées

La base du rebirth est un exercice simple que j'ai appris de Leonard Orr. On l'appelle les vingt respirations reliées.

Vous pouvez faire cet exercice au cours de la journée, lorsque vous en ressentez le besoin. Cependant, durant la première semaine, on recommande de le pratiquer une fois par jour seulement :

1. Faites quatre courtes respirations.
2. Puis faites une longue respiration.
3. Inspirez et expirez par le nez.
4. Faites quatre séries de cinq respirations comme suit : quatre séries de quatre courtes respirations suivies d'une longue respiration ininterrompue, pour un total de vingt-quatre respirations.

Fusionnez l'inspiration et l'expiration afin de relier la respiration sans la moindre pause. Une inspiration reliée à une expiration constitue une respiration. Les vingt respirations sont ainsi reliées pour créer une série de vingt respirations reliées ininterrompues.

Inspirez consciemment et de manière détendue, puis relâchez complètement lors de l'expiration en vous assurant que vous gardez la même durée d'inspiration et d'expiration.

Utilisez les respirations courtes pour accentuer la liaison et la fusion de l'inspiration et de l'expiration de façon à former des cercles continus.

Utilisez la respiration longue pour remplir vos poumons autant que vous pouvez le faire confortablement, puis relâchez complètement lors de l'expiration.

Respirez à un rythme qui vous semble naturel. Il est important que la respiration soit libre, naturelle et rythmée plutôt que forcée et contrôlée. C'est ce qui vous permet de respirer aussi bien l'air que le prana.

Étant donné que, pour la plupart d'entre nous, nous avons développé des mauvaises habitudes de respiration, il se pourrait que vous ayez des sensations physiques telles qu'étourdissements ou picotements dans les mains ou ailleurs. Si vous pratiquez cet exercice quotidiennement, vous remarquerez probablement que ces sensations s'atténueront pour amener la guérison. Ceci indique que vous apprenez à respirer consciemment et que votre corps en tire des bénéfices directs.

La pratique quotidienne de cet exercice vous apprendra plus sur la respiration que tout ce que vous avez pu apprendre pendant toute votre vie.

Si vous souhaitez accélérer le processus, contactez un rebirther professionnel et prévoyez une série de séances guidées d'une heure ou deux.

18

Votre corps est lumière et vous êtes immortels

La première fois que j'entendis parler d'immortalité physique, ce fut au mois de mars 1979, lors de mon introduction au rebirth. C'était la chose la plus bizarre que j'eusse jamais entendue. Je trouvais cette idée délirante. Elle allait totalement à l'encontre de ma ferme croyance voulant que la mort soit inévitable et totalement hors de mon contrôle. Ma réaction fut teintée de colère. “Quel type d'approche Nouvel Âge essayent-ils de me vendre à présent ?”

Peu après, je rencontrai Leonard Orr. Il parlait sans cesse d'immortalité physique, et écrivait même un livre sur le sujet.[1] Cela me semblait déjà moins délirant ; en fait, je commençai à trouver l'idée sympathique, surtout lorsque je me rendis compte que cette approche concernait la qualité de vie ici-même sur terre. Après tout, si vous êtes misérable, pourquoi souhaiteriez-vous cultiver cette misère plus longtemps que nécessaire ? D'un autre côté, si votre qualité de vie est appréciable et ne cesse de s'améliorer, peut-être songeriez-vous à y rester un peu plus longtemps...

Retournons à la naissance afin de voir ce qui se passe. Si le cordon ombilical est coupé prématurément, nous perdons l'occasion d'apprendre à respirer dans une ambiance rassurante et décontractée. On nous impose la respiration comme une condition de vie ou de mort. Nous apprenons donc à respirer dans un contexte de crainte et de tension. Dès notre première respiration forcée, l'idée d'une respiration profonde s'enregistre dans le subconscient en termes de douleur et de crainte. C'est pourquoi nous apprenons à respirer superficiellement. Respirer ainsi équivaut à retenir un couvercle sur un autocuiseur. Ce sentiment d'urgence se condense alors dans l'appareil respiratoire et vit littéralement dans notre corps, à l'état refoulé et sous forme d'énergie bloquée, énergie maintenue en place par la respiration superficielle.

Puisqu'il n'existe pas d'issue pour évacuer la "vapeur" — l'énergie bloquée —, celle-ci s'accumule et le corps finit par devenir un endroit déplaisant où vivre. Dans ce cas, nous préférons en retirer notre conscience. La mort physique est l'ultime forme de retrait de la conscience corporelle.

Imaginez-vous vivre dans une maison que vous n'avez pas entretenue depuis trente ou quarante ans. Vous préféreriez sûrement l'abandonner. Il en va de même pour votre corps.

Or, le concept d'immortalité physique concerne vraiment la qualité de vie ici et maintenant. C'est aussi une approche qui permet de pratiquer plus efficacement le rebirth en vous permettant de créer un contexte contenant toutes vos pensées de peur et de limitation.

Leonard parlait souvent d'individus qui avaient écrit sur l'immortalité physique et de la manière dont la plupart d'entre eux étaient décédés depuis. Rien de surprenant, n'est-ce pas ? Il mentionnait même une personne qui mourut alors qu'elle était en route pour donner une conférence sur le sujet. Leonard avait appris à ne pas se fier à ces gens-là.

Il élabora une nouvelle gamme de critères et décida désormais qu'il ne croirait plus personne parlant d'immortalité, à moins que ladite personne ne soit âgée d'au moins trois cents ans !

Vers la fin des années soixante-dix, il alla en Inde où il rencontra Babaji, un maître yogi immortel. Depuis ce temps, toujours en Inde, il a rencontré sept ou huit individus âgés d'au moins trois cents ans. À partir de ces exemples vivants, il apprit à connaître les dénominateurs communs, les secrets qui permettent de maintenir un corps physique au-delà de l'espérance de vie "normale". Ils sont tous enracinés dans l'amélioration de la qualité de vie.

Comme vous pouvez l'imaginer, tout commence avec la connaissance du corps énergétique. La terre, l'air, l'eau et le feu peuvent purifier l'esprit de manière plus efficace qu'il ne le peut lui-même. L'emploi conscient des quatre éléments purifie le corps énergétique tout en l'équilibrant.

Il convient donc, en premier lieu, d'utiliser les quatre éléments afin d'éliminer les toxines accumulées, les peurs et les tensions, puis de devancer le processus de pollution.

La purification par la terre implique le développement d'une relation consciente avec votre corps, avec l'environnement et la planète. Elle implique aussi une connaissance approfondie de l'alimentation, l'exercice physique et l'expérience directe de la nature, jusqu'au moment où vous êtes capable de ressentir les bienfaits immédiats d'un séjour en forêt ou d'une promenade près d'un ruisseau.

La purification par l'air consiste à respirer consciemment aussi bien l'énergie (prana) que l'air.

La purification par l'eau signifie se baigner consciemment pour apprendre à sentir et à apprécier réellement ce que l'eau vous procure. Se baigner consciemment a pour but de nettoyer et d'équilibrer le corps énergétique.

La purification par le feu, c'est s'asseoir près du feu pour que les roues d'énergie de votre corps énergétique puissent tourner dans les flammes. C'est apprendre, à travers le vécu personnel, à ressentir la purification directe de votre corps énergétique ou aura par le feu.

Voilà donc certaines pratiques que partagent des êtres immortels vivant actuellement sur notre planète. Ils pratiquent aussi le souvenir perpétuel de Dieu, de l'Esprit unique et éternel qui vit en tous et en toute chose.

En pratiquant vous aussi ces techniques, vous serez à même de conclure que vous êtes plus qu'un simple corps physique. Vous découvrirez que vous êtes aussi un corps énergétique. Vous saisirez ainsi la très grande utilité d'un travail conjoint avec ce dernier.

Le fait de pratiquer ces techniques signifie-t-il que vous vivrez éternellement dans votre corps actuel ? Probablement pas. Mais cela veut certainement dire qu'il vous est possible d'apprendre à rajeunir, à vous revivifier et à vous guérir. Vous est-il aussi possible d'apprendre à inverser le processus du vieillissement ? Absolument !

Comme le rappelle Drunvalo, être immortel ne signifie pas vivre à jamais dans un même corps ; ce serait un piège. Il y a toujours une réalité supérieure vers laquelle évoluer.

L'immortalité consiste à pouvoir partir consciemment lorsque vous le désirez et à conserver votre mémoire tout au long de votre ascension. Elle consiste à toujours vous rappeler qui vous êtes.

Notes

[1]. Leonard Orr, Physical Immortality, The Science of Everlasting Life (Sierraville CA : Inspiration University, 1980).

19

LE REBIRTH : L'ŒIL GAUCHE D'HORUS

Le rebirth est l'entraînement du corps émotionnel. Ce n'est ni plus ni moins que l'équivalent moderne de l'Œil gauche d'Horus, traitant directement avec les sentiments, les craintes et les émotions et vous permettant de les intégrer dans une plus grande sensation de bien-être.

Curieusement, et ce n'est probablement pas une coïncidence, il m'a fallu presque douze ans d'entraînement du corps émotionnel (rebirth) pour découvrir les pièces manquantes : l'Œil droit d'Horus et les informations que je n'avais pas encore reçues de Drunvalo.

Le rebirth me montra rapidement jusqu'à quel point j'avais vécu dans ma tête, restant au niveau du mental sans même le remarquer. Sans m'en rendre compte, j'étais absent de mon corps. Je n'avais aucun point de référence. Je ne savais pas, et je ne savais pas que je ne savais pas. J'étais aveugle et endormi.

L'élément le plus important que j'appris du rebirth fut que cette intégration, guérison ou accomplissement (j'utilise ces trois termes de manière interchangeable) vient de la prise en charge de sa propre vie. Il doit exister une volonté d'accepter et de faire face à tout ce à quoi vous avez résisté ou que vous avez évité. N'oubliez pas que toutes les choses auxquelles nous résistons persistent ; en réalité, plus nous leur résistons, plus elles s'intensifient. La vraie guérison vient d'une capacité accrue d'inclure, d'accompagner et de comprendre ce à quoi vous résistez.

L'intégration n'est ni une question d'abnégation ou d'évasion, ni le fruit de la "pensée positive". Ce qui est nécessaire, c'est d'ouvrir les deux yeux et d'être conscient des polarités et des émotions qui ont dirigé votre vie. Au moment où un élément s'intègre, il apparaît une capacité accrue de voir les choses comme elles sont plutôt que par l'intermédiaire de vos craintes, de vos doutes ou de votre colère.

Je me souviens combien j'étais à la merci de mes émotions, combien les agissements d'autrui me rendaient facilement et fréquemment abattu, déprimé ou enragé. Les autres semblaient avoir pris le contrôle — ils me "rendaient" heureux, triste, ou n'importe quoi. C'était ma réalité. Je n'étais pas la source de mon expérience de vie, je laissais cela aux autres. La première fois que j'entendis parler de la notion voulant que chacun crée sa propre réalité et en soit responsable, c'était lors de la formation "sois" en 1977. Ce fut une expérience puissante et profonde. Cependant, je ne l'appris qu'intellectuellement.

J'en arrivai à comprendre davantage la notion de responsabilité grâce au rebirth. En côtoyant la présence vivante des émotions, des sentiments et des croyances qui me gouvernaient, je pris graduellement conscience que je ne pouvais accéder à la décision tant que je ne posséderais pas ce qui se passait en moi.

À l'époque, j'avais une douleur causée par une blessure au bas du dos, dont je ne me sentais aucunement responsable. Elle était due à quelque chose qui "m'était arrivé". Je m'en sentais totalement victime, ayant la certitude que ce mal était incurable, qu'il ne ferait qu'empirer et qu'il me rendrait complètement invalide.

J'ai tout de même retiré quelques "bénéfices" de cette blessure. Elle me donnait de grande occasions d'être impuissant. Tôt dans la vie, j'appris à connaître les avantages de l'impuissance — la manière dont on s'occupait de moi, dont on me servait lorsque j'étais malade. Il était préférable d'être impuissant, car dès que je recouvrais la santé, ou bien on m'ignorait, ou du moins on ne faisait guère attention à moi. Je traînais un lourd fardeau émotionnel lié à cette blessure et ce fardeau vivait littéralement dans la partie touchée, à un point tel que j'avais l'impression que mon corps était coupé en deux et que toute l'énergie vitale avait quitté la partie malade. Il me vint graduellement à l'esprit que la seule porte de sortie consistait à prendre possession de ma vie et de ce qui se passait en moi.

C'est donc ce que je fis. Je commençai à accepter l'idée que j'avais créé cette blessure au dos, ainsi que tout ce qui m'arrivait dans la vie. Ce faisant, je commençai à abandonner les "bénéfices" superficiels un à un pour réclamer mon pouvoir personnel et me tourner vers la guérison.

Depuis, mon dos a guéri et j'ai l'impression de n'avoir jamais eu ce problème. De plus, les gens ne peuvent plus me manipuler sur le plan émotionnel comme c'était le cas auparavant.

J'ai aussi utilisé le rebirth pour venir à bout de nombreuses craintes qui me limitaient. J'avais par exemple une peur intense de conduire, fruit de certaines expériences de jeunesse. Je l'avais apprise de mon père, qui l'avait apprise du sien. Jamais il n'a pris le temps de m'expliquer directement ce qui l'effrayait dans la conduite. Ce n'était pas nécessaire, car je l'apprenais chaque fois que nous montions en voiture pour aller quelque part. Les leçons les plus mémorables vinrent de nos voyages fréquents pour rendre visite à mes grands-parents, environ trois cents kilomètres. Le trajet était déjà suffisamment éprouvant dans des conditions normales, alors pouvez-vous l'imaginer avec le mauvais temps, la neige et la glace qui semblaient toujours nous attendre pour le Thanksgiving Day et les fêtes de Noël dans le Dakota du Nord ?

C'était atroce — en fait, c'était pire que cela. La peur et la tension étaient plus épaisses que de la soupe aux pois ou que la brume londonienne, selon votre choix.

Afin de soulager ses angoisses, mon père fumait en conduisant. J'appréciais tellement son habitude que je le lui montrais en ayant le mal de voiture. C'était ma contribution.

Bien entendu, avec l'âge, j'eus mon permis de conduire. Je me rappelle mon premier voyage en solo. Il représentait à peine deux kilomètres à travers la ville dans des rues vides, mais j'étais si effrayé et si nerveux que je ne sais toujours pas comment j'y suis parvenu. C'est un miracle si j'ai oublié de laisser les clefs à l'intérieur de la voiture et si je suis revenu sain et sauf. J'ai appris progressivement à refouler certaines de mes peurs et suis devenu un conducteur tolérable. Toutefois, ces peurs étaient toujours présentes en moi et, même si je réussissais à les maintenir à un niveau inconscient, elles refaisaient occasionnellement surface. Par exemple, lorsque je me suis retrouvé pour la première fois dans le vrai trafic, sur l'autoroute à huit voies entre Sacramento et San Francisco, à l'époque de mon déménagement en Californie. J'en étais complètement déboussolé !

Le rebirth me permit d'intégrer ces peurs et je suis devenu, depuis ce temps, un excellent conducteur. Je suis extrêmement vigilant et conscient de la circulation à tout moment. Je me sens en sécurité. Je suis capable de vivre le moment présent de l'expérience de la conduite automobile dans sa réalité, en gardant les deux yeux ouverts et en restant conscient du danger potentiel.

Cela ne signifie pas que je ne ressens plus de craintes ou d'autres émotions soi-disant négatives. Cela m'arrive encore. Mais l'important, c'est que je vis maintenant une relation très différente avec elles. Je me comporte vis-à-vis de ces sentiments comme si leur présence m'était bénéfique. Il ne reste donc aucune raison de les éviter ou de leur résister. Quand je les ressens, je respire en eux et je libère leur énergie en moi-même.

Ceci, en retour, accroît ma capacité à me concentrer sur d'autres sensations et à en retirer le message qui m'est destiné. En fin de compte, ceci renforce l'idée que tout est bien et que ma vie se déroule exactement comme il se doit. La conscience d'unité est ma réalité sans cesse croissante.

Et qu'est-ce que tout cela signifie ? Cela signifie que je ne suis plus totalement le jouet de mes émotions. Cela ne signifie pas que je ne ressens plus de stress : le stress fait partie de notre culture des temps modernes. Cependant, grâce à la pratique du rebirth, j'ai la capacité de me purifier, de m'équilibrer et de me guérir au quotidien. Les effets sont profonds et puissants. Et si j'y parviens, tout le monde peut y parvenir. Je ne suis qu'un individu tout à fait ordinaire.

Après avoir terminé un cycle énergétique, vous avez une sensation incomparable. Ressentir votre plénitude de vie, être complètement dans son corps, est enivrant. Pour moi, c'est la preuve que cette vie était faite pour fonctionner. Il ne nous reste qu'à nous harmoniser avec elle.

Je suis donc venu à bout de ma peur de conduire et j'ai découvert la source de mes émotions. Et alors ? Rien d'extraordinaire à cela. C'était effectivement très peu en comparaison du grand événement qui me guettait à partir de 1980.

La première fois que j'entendis parler des prophéties concernant les changements terrestres, c'était en 1980, lors de ma formation en rebirth. Mais, à l'époque, j'étais trop préoccupé par ma propre survie pour y prêter attention.

Jer reçus ma première vraie leçon à Noël 1981, lorsque Leonard Orr donna un séminaire à la "Theta House", un centre de rebirth à San Francisco. Il distribua un court essai intitulé : The Rebirth of the Late, Great Planet Earth (La renaissance de défunte grande planète Terre). Ce fut suffisant pour piquer ma curiosité. Il parlait des changements terrestres (tremblements de terre, inondations, bascule des pôles, etc.), devant se produire dans un avenir proche et emporter jusqu'à 90 pour cent de la population de la planète.

J'aurais pu tout rejeter comme étant de la pure imagination, mais je ne l'ai pas fait. En premier lieu, j'avais une grande confiance en Leonard et ensuite, je savais depuis le début des années soixante que nous (la planète) étions en route vers un désastre. J'ai donc pris ces information au sérieux, convaincu à divers degrés qu'elles représentaient la vérité.

Cette sensibilisation aux prophéties des "changements terrestres" marqua le début d'une période intense de réflexion que je mis quelques mois à intégrer. Par réflexion, j'entends "terreur". Au fur et à mesure que ces informations s'intégraient en moi, je commençais lentement à me rendre compte que je pouvais vivre avec ces prophéties et me sentir suffisamment en sécurité pour être vivant. Je pris aussi conscience que l'intégration de ces informations me procurait une sensation d'enracinement dans mon corps, ainsi qu'une meilleure capacité de vivre le moment présent. Mon sentiment de sécurité semblait désormais venir d'une source intérieure. Mon être essentiel prit son envol, comme une créature céleste, vivant cette incarnation comme un seul aspect de lui-même : totalement préparé, en toute sécurité. Je fus dès lors capable d'attaquer la phase la plus prospère de ma carrière.

Il devint clair pour moi que les prophéties concernant les "transformations terrestres" avaient activé mes peurs au sujet de ma propre survie, de ma capacité d'être pleinement vivant et de réussir. C'est en intégrant mes peurs que je pus atteindre en profondeur mon vrai moi. Il y avait encore beaucoup à apprendre au sujet de ces prophéties, mais je n'en étais pas encore conscient. Au moins, j'étais libre. J'eus alors besoin de quelques "leçons" supplémentaires.

L'épisode suivant se déroula en 1986, lorsque Ramtha présenta une vidéo de huit heures intitulée : "Changes" (Transformations). Je me mis à penser : "ça ne va pas recommencer !" et me cramponnai pour encaisser une autre série d'informations.

Cela me prit quelque temps, mais l'intégration de ces informations m'enracina davantage et, de plus, m'assura une réussite sans précédent dans la pratique du rebirth. La plus grande leçon commençait à porter ses fruits.

Ces deux scénarios de transformations terrestres prédisaient que la Californie serait totalement déplacée, par exemple au fond de l'océan. Tout au moins, on ne considérait pas la Californie comme l'endroit idéal pour vivre.

Puis vint la phase trois. En avril 1992, je reçus un nouveau client en rebirth. Il tomba sur un livre traitant des "cercles de récoltes" et m'interrogea à ce sujet. Après en avoir discuté, il me demanda si j'avais déjà entendu le nom de Gordon Michael Scallion. Comme ce n'était pas le cas, il me parla de lui. Bien entendu, il s'avéra qu'il s'agissait encore des transformations terrestres. Scallion publiait un journal mensuel titré Earth Changes Report (Rapport sur les transformations terrestres), qui contenait les prédictions les plus précises à ce jour sur les transformations terrestres, qu'il garantissait avec une précision de 87 %. Il avait entre autres prédit le tremblement de terre de Loma Prieta, de 7,1 sur l'échelle de Richter, survenu dans la région de San Francisco en octobre 1989.

Quand vint le moment de la séance de rebirth, j'en avais plus besoin que mon client. J'étais très excité par cette nouvelle information. Je peux en rire aujourd'hui, mais ce n'était pas tout à fait le cas à ce moment-là.

Je plongeai donc à nouveau dans la mare aux crocodiles. Je n'avais toujours pas trouvé la bonne sortie. Bien entendu, à l'époque, je n'étais pas encore au courant de l'Œil gauche d'Horus, mais je savais très bien que le but d'un prophète était de se tromper, qu'un prophète ne sert qu'à éveiller les gens. Quand le prophète réussit, l'appel est entendu et la prophétie ne se réalise pas.

Ceci rappelle l'ancien proverbe chinois qui dit : “Si nous ne changeons pas de direction, nous avons de fortes chances d'atteindre notre but”. Et notre destination est celle du désastre. Nous n'avons pas été des gardiens de notre planète particulièrement conscienceux. Je me sentais impuissant à l'époque, comme si je n'y pouvais rien. Chaque fois que la colère ou les peurs sont suffisamment activées, il ne semble pas y avoir de choix parce qu'on est sous pilotage automatique. On replonge donc la tête la première dans la mare. Dans les moments où j'avais le plus peur, il me fallait entrer plus profondément dans mes peurs et mon impuissance. Je m'abonnai évidemment au journal de Scallion et reçus mon traitement de choc mensuel.

En juin 1992, je vis les vidéos de Drunvalo et tout parut avoir davantage de sens. Dunvalo présentait un tableau beaucoup plus complet de ce qui se passait ; la précession des équinoxes, la bascule des pôles, etc. Ces transformations terrestres survenaient à un rythme régulier, tous les 13 000 ans, comme une horloge, en toute simplicité. Nous approchons maintenant de l'échéance du temps écoulé depuis la dernière bascule.

J'entendis aussi Drunvalo dire qu'étant donné l'intervention des Siriens en 1972 et les événements incroyables qui avaient eu lieu depuis, il se pourrait que tout se passe en douceur cette fois-ci. J'avais beau entendre les mots, je ne pus les intégrer complètement qu'en avril 1993.

Pour moi, ce furent les informations de Drunvalo qui allaient dévoiler la pièce manquante. Je m'étais engagé depuis belle lurette à trouver le chaînon manquant ; je savais que malgré le pouvoir du rebirth, le tableau demeurait incomplet. Si l'on pouvait respirer le merkaba pour le manifester, pourquoi ne pourrait-on pas respirer notre passage d'un monde à l'autre ? Pourquoi se limiter ? Jusque-là, je n'avais regardé que le côté sombre des informations sur les "transformations terrestres". Mais qui pourrait craindre un retour au Jardin d'Eden ? Un tableau incomplet peut s'avérer dangereux, surtout s'il est sombre.

Finalement, c'est en avril 1993 que le puzzle fut terminé. Notre réalité, tout comme ce qui arrive à la Terre, est fonction de la conscience ; nous détenons donc le pouvoir de modifier l'avenir. Sachant cela, je décidai de m'assurer personnellement que notre transition vers la prochaine dimension se ferait en douceur. Je m'étais enfin éveillé à mon but véritable, à ma raison d'être ici-bas : être un maître interdimensionnel participant à la création du paradis sur terre. Il en est ainsi pour vous aussi. Ce n'est que mon travail de vous le rappeler.

20

La guérison

Ce fut durant l'été 1980 que, étudiant en rebirth, je reçus ma première grande leçon de guérison.

Je passai deux mois à voyager et à me former sous la tutelle de Leonard Orr en Europe. Là-bas, j'entendis beaucoup parler de Babaji, le maître yogi immortel auquel se réfère Paramahansa Yogananda dans son livre Autobiographie d'un Yogi.

J'appris que Babaji avait matérialisé un nouveau corps adulte en 1970 et qu'il passait la plupart de son temps dans son ashram d'Herakhan, près de la ville d'Haldwani dans le nord de l'Inde. En Europe, je rencontrai beaucoup de gens qui étaient allés en Inde pour rencontrer Babaji. Ils avaient tous des histoires à raconter, allant du qualificatif d'"intéressant" à celui d'"incroyable".

Un ami raconta qu'il avait été surpris par une pluie torrentielle en compagnie de Babaji. Quand ils purent se mettre à l'abri, ses vêtements étaient mouillés, mais ceux de Babaji complètement secs.

On me raconta également comment il avait matérialisé son corps à partir d'une sphère lumineuse à l'intention de Leonard et quelques autres intéressés à l'extérieur de l'Inde, ce qui les poussa à se rendre en Inde pour le rencontrer. On me dit aussi qu'afin de montrer sa maîtrise du yoga, Babaji avait gardé la même position durant quarante-cinq jours, sans le moindre mouvement. Il était resté assis immobile, sans manger ni boire, pendant tout ce temps.

Je fus aussi bouleversé par une de ses citations : “Si vous venez à moi avec des doutes, je vous donnerai toutes les raisons d'en avoir. Si vous venez à moi avec de l'amour, je vous en témoignerai plus que tout ce que vous avez connu”. Je savais qu’il était important de demeurer ouvert à la possibilité que Babaji soit tout ce que les gens disaient de lui. Je savais aussi que si je me fermais à cette possibilité, mon expérience ne ferait que confirmer mes doutes.

Je demeurai donc ouvert à cette possibilité et le résultat fut que je commençai à ressentir un lien personnel de plus en plus grand avec lui.

Toute mon expérience européenne fut une leçon continue de lâcher-prise et de confiance. Au début, je n'avais de l'argent que pour acheter un aller simple pour Londres et avoir un peu de monnaie. Cela signifiait que je devais travailler tout au long du voyage, en enseignant ce que j’étais en train d’apprendre moi-même. C’était aussi une façon d’apprendre ce qu’est le manque. Mon ancien monde s’était effondré et le nouveau n'était pas encore tout à fait en place.

Je me rappelle mon arrivée à Stockholm en Suède, avec mon compagnon de voyage, à deux heures du matin. Nous ne connaissions personne et ne savions pas où aller. Il nous vint l’idée de chercher le nouveau centre de formation en rebirth que Leonard dirigeait. A notre arrivée, nous trouvâmes une note sur la porte disant qu’il n’y avait personne et que la formation se faisait désormais dans une ferme à plusieurs kilomètres de là.

Il n'y avait absolument personne, mais à trois heures du matin une femme qui parlait anglais passa. Non seulement elle savait où se trouvait le nouveau centre, mais elle nous donna des instructions précises pour s'y rendre par bus et nous hébergea pour la nuit.

Je sentais la présence de Babaji et je savais que tant que je garderais confiance tout en lâchant prise, je serais guidé en toute sécurité vers là où je devais aller afin d'apprendre ce que je devais apprendre. J'entretiens une relation personnelle avec Babaji depuis ce temps, et je peux sentir sa présence lorsque je fais appel à lui.

A mon retour d'Europe, mon chat Freddie, qui était en bonne santé, se paralysa au niveau de la partie arrière de son corps. Il ne souffrait pas, mais ne pouvait pas utiliser ses pattes de derrière ; il se déplaçait en rampant à l'aide de ses pattes de devant.

Je l'emmenai chez le vétérinaire, qui me dit ne rien pouvoir faire. Je décidai alors que c'était une pure injustice. Freddie resta calme, paisible et affectueux durant tout ce temps, ce qui ne fit qu'empirer les choses pour moi.

J'eus alors une vision, une vision très claire selon laquelle il n'y avait absolument aucune raison pour que Freddie ne soit pas en parfaite santé. La vision devint de plus en plus nette et puissante jusqu'à ce que je puisse voir et sentir, avec certitude et clarté, que mon chat était normal et en bonne santé.

Freddie commença alors à guérir et, en peu de temps, se rétablit complètement de sa paralysie. Il n'en présenta jamais plus aucun symptôme.

Puis, un jour, il revint à la maison avec une paupière fermée. Cela dura deux ou trois semaines. Lorsqu'elle s'ouvrit, je découvris un spectacle d'une laideur comme je n'en avais jamais vu. Le globe oculaire semblait s'être décomposé jusqu'à un point de non-retour.

Je l'emmenai de nouveau chez le vétérinaire, qui évalua à dix pour cent les chances de sauver son œil. Il me donna de l'onguent et me souhaita bonne chance, en me conseillant de revenir le voir dans quelques jours pour qu'il lui enlève son globe oculaire. Encore une fois, j'eus la vision très claire de Freddie en parfaite santé. Cette vision s'intensifia comme la première. L'œil de Freddie commença immédiatement à guérir. Il guérit si bien que rien ne laissait soupçonner son ancienne blessure. Je retournai donc chez le vétérinaire pour une dernière confirmation. Le praticien ne pouvait en croire ses yeux j : amais il n'avait vu pareille guérison !

Je compris intuitivement par ces deux expériences que c'était Babaji qui travaillait au travers de Freddie dans le but de m'enseigner la guérison. Il travaillait par l'intermédiaire de mon chat parce qu'à l'époque, j'avais plus d'amour et de compassion pour lui que j'en avais pour moi-même.

À ce moment-là, j'étais à moitié invalide à cause de ma blessure au dos que Freddie illustrait pour moi. J'étais convaincu que j'étais incapable de me guérir moi-même et que la situation ne pouvait qu'empirer. Je n'aurais pas appris la leçon si elle m'avait été donnée directement.

Un jour, alors que j'étais assis dans ma chambre à regarder un poster de Babaji sur lequel je méditais, une voix spontanée venant de l'intérieur demanda : "Babaji, était-ce toi ?" Le portrait de Babaji devint instantanément vivant et s'anima. Il me sourit et me fit un signe de tête dans l'affirmative. Je reçus le message.

Ces expériences m'apprirent beaucoup de choses sur la guérison, mais la plus importante était : tout doit venir du cœur.

Je découvris également qu'il était nécessaire de briser les anciens systèmes de croyance, de laisser libre cours à la volonté de guérir et d'être capable de le voir, de le sentir et de le savoir avec certitude.

Comme je l'ai déjà mentionné, mon dos est guéri. Mon appareil respiratoire aussi. En ce qui me concerne, ce n'était pas mince affaire. Enfant, j'avais de graves troubles respiratoires avec allergies, rhume des foins et rhumes à répétition. On avait diagnostiqué que j'étais allergique à quasiment tout. Le rhume des foins m'épuisait au printemps comme en été et les rhumes me clouaient au lit pour des durées allant quelques jours à quelques semaines.

Désormais, tout cela est passé à l'histoire.

Il me semble évident que tout peut guérir grâce à une bonne association de la pensée, de la respiration et du cœur.

La maladie n'est pas le fruit du hasard. C'est le résultat d'une utilisation incorrecte de la respiration, des pensées, des sentiments et des actes.

Quoi que reflètent vos pensées, vos sentiments et vos actes, ils créent votre réalité, y compris votre santé.

21

LE CONTEXTE DE VIE

Lorsque je parle de contexte, que signifie ce terme ? Faisons d'abord la distinction entre contexte et contenu. Le contenu représente la chose en elle-même, et le contexte la relation avec elle ou l'attitude à son égard.

En rebirth, la respiration liée vous permet de prêter attention aux éléments refoulés ou les active afin que vous puissiez les ressentir. Si ces éléments ont été refoulés, c'est parce que votre relation avec eux ou votre attitude à leur égard, ou le contexte dans lequel vous les reteniez, était liée à une critique négative. Autrement, vous ne les auriez pas refoulés.

La technique du rebirth vous apprend à transformer la relation que vous entretenez avec les éléments refoulés, à passer de la critique négative à l'acceptation, ou du contexte négatif au contexte positif. Ceci permet l'intégration ou l'accomplissement.

Mais à un moment donné, des critiques négatives ou des jugements négatifs plus importants sur certains aspects de vous-même seront amenés à votre attention. Ce que j'entends par "conditions", ce sont les structures de croyances inconscientes, incontestées et non examinées, qui deviennent le filtre au travers duquel on perçoit involontairement la vie. Nous n'en sommes pas nécessairement conscients, mais nous vivons tout de même notre vie au travers de ces conditions.

À ce niveau, il est nécessaire d'avoir un contexte, un contexte de vie si vous préférez, qui contienne ce contenu. En l'absence d'un tel contexte, cette condition ou cet ensemble de croyances devient notre contexte de vie inconscient.

En fin de compte, il est nécessaire d'avoir un contexte de vie suffisamment large pour y inclure toutes les pensées ou conditions limitatives qui vous viennent à l'esprit. C'est la raison pour laquelle on connaît les anges, les extra-terrestres, les harmoniques et Babaji. Dans ce contexte, les pensées et conditions limitatives deviennent vos alliées. Elles s'élèvent dans un contexte plus large qui leur correspondent et finissent ainsi par disparaître.

En l'absence de ce contexte créé consciemment, les mêmes éléments surgiront pour servir de preuve ou de démonstration d'impossibilité.

ÉPURATION DE LA PENSÉE 101

Rappelez-vous le principe de base suivant : lorsque vous créez un contexte de vie, tout élément qui en diffère ou qui est moins pur devient une proie idéale sur laquelle vient se fixer votre attention. Seule la respiration lui permettra de s'élever afin de pouvoir disparaître.

Par analogie, supposons que vous avez un verre d'eau dont le fond est couvert de deux centimètres de vase. Si vous remplissez le verre d'eau fraîche (contexte de vie), vous obtenez immédiatement une vilaine boue (les pensées impures subconscientes qui attirent votre attention). Si vous continuez à remplir le verre d'eau fraîche, la vase finira par être éliminée, et vous aurez un verre d'eau fraîche et propre. Il en va de même pour votre mental, et je vais vous indiquer deux moyens particuliers pour y parvenir.

La première méthode consiste à utiliser des affirmations qui tirent profit de ce principe de déplacement. Après avoir écrit votre affirmation, arrêtez-vous pour observer si vous avez des réponses. Si tel est le cas, écrivez-les. Écrivez l'affirmation de nouveau et poursuivez le processus jusqu'à ce que vos réponses soient en accord avec l'affirmation. Cet accord se manifestera sur un laps de temps allant de quelques jours à quelques semaines.

AFFIRMATION	RÉPONSE
Je suis maître ici pour co-créer le paradis sur Terre.	Pas question, tu veux rire !
Je suis maître ici pour co-créer le paradis sur Terre.	Donne-moi une chance !
Je suis maître ici pour co-créer le paradis sur Terre.	C'est la plus grosse sottise que j'aie jamais entendue.
Je suis maître ici pour co-créer le paradis sur Terre.	Ce n'est peut-être pas une si grosse sottise.
Je suis maître ici pour co-créer le paradis sur Terre.	Je me demande si c'est possible...
Je suis maître ici pour co-créer le paradis sur Terre.	Hmmm, c'est à considérer.

Il existe une autre méthode comportant un exercice qui m'a été transmis par un ami et collègue en rebirth du nom de Seth Bartlett, aussi connu sous le nom de Dhyana Yogi. On l'appelle la méditation de la pensée fondamentale.

La méditation de la pensée fondamentale

1. Écrivez toutes vos pensées durant cinq à dix minutes. Toutes les pensées qui vous viennent à l'esprit. Ne censurez rien, ne chassez pas les pensées insaisissables et ne cherchez pas à raisonner. Laissez simplement couler votre pensée sur le papier.

2. Relisez plusieurs fois ce que vous avez écrit, puis encerclez toutes les phrases, pensées ou idées qui "critiquent négativement" quelque chose. C'est-à-dire encerclez toutes les idées indiquant que vous pensez que quelque chose "n'est pas correct", est "mauvais" ou "mal". Par exemple : Sam m'énerve.

3. Sur une autre page, une pensée après l'autre, énumérez les contraires positifs pour chaque idée que vous avez encerclée. Employez la forme : C'est juste pour _______ de ________. Exemple : C'est correct pour moi de penser que Sam m'énerve.

4. Sur une autre page, toujours une pensée après l'autre, créez un contexte de reconnaissance pour chaque idée que vous avez encerclée. Employez une logique simple et la forme : je suis reconnaissant de ________ parce que _______. Exemple : Je suis reconnaissant de penser que Sam m'énerve, parce que cela me donne l'occasion de me prendre la responsabilité de mes propres émotions.

SUGGESTIONS UTILES

1. La création d'un contexte de reconnaissance par la logique est un exercice mental. Faites-le mécaniquement. Il n'est pas nécessaire de croire ce que vous écrivez ou d'avoir réellement des sentiments de reconnaissance. Ne faites qu'écrire n'importe quel contexte qui vous suggère une base logique à la reconnaissance.

2. Recherchez la valeur contenue dans la situation, dans l'expérience ou dans tout ce que vous critiquez négativement. Si vous cherchez en profondeur, vous y trouverez toujours une valeur.

3. Faites comme si vous aviez personnellement décidé que toutes les choses que vous faites mal soient exactement telles qu'elles sont, puis énumérez les raisons pour lesquelles vous avez voulu qu'elles soient ainsi.

4. Remarquez les sensations dans votre corps. Supposez que vous avez planifié ces choses exactement de cette façon, puis écrivez pourquoi vous auriez pu les vouloir ainsi. Vous pouvez tout au moins être reconnaissant de pouvoir ressentir. Exagérez avec enthousiasme la sensation engendrée afin de tendre votre corps et ainsi vous défendre contre ce que vous critiquez négativement. Il se pourrait même que ce que vous ressentiez à ce moment devienne amusant.

5. Remarquez que tout ce que vous critiquez négativement n'est pas aussi infiniment mauvais. Vous pourriez le reconnaître à sa juste valeur.

6. Concentrez-vous sur votre reconnaissance par rapport au fait que vous êtes vivant. Observez que toutes les choses que vous critiquez négativement font partie de la vie en ce

moment précis, tout en étant exactement telles qu'elles sont. C'est déjà un miracle que tout ce que vous critiquez négativement existe et surgisse juste au bon moment pour vous. N'est-ce pas ?

7. Cessez de comparer la chose que vous critiquez négativement à tout le reste en-dehors d'elle même. Cela pourrait être intéressant, voire fascinant. Peut-être cela pourrait-il au moins être intense ? Supposez que c'est agréable, puis ouvrez-vous à cette idée.

8. Supposez que tout ce que vous critiquez négativement est le reflet direct d'une chose pour laquelle vous vous critiquez négativement. Vous pourriez être reconnaissant de remarquer une façon de vous critiquer négativement, surtout si cette prise de conscience vous aide à cesser.

9. Soyez affectueux, gentil et patient avec vous-même. Transmettez à chaque partie de votre corps de l'amour inconditionnel. Étendez cet amour inconditionnel à tous les aspects de votre expérience.

Qui suis-je ?

Les choses que je suis parvenu à éclaircir à travers toutes mes disciplines et expériences sont des éléments qui m'empêchaient d'être pleinement vivant. En fait, tous ces trucs au-dehors (craintes des transformations terrestres, craintes pour l'environnement, craintes du gouvernement secret, etc.) n'étaient qu'une représentation externe de mon propre état intérieur. C'était la lentille à travers laquelle je voyais involontairement la vie.

Afin de guérir ma peur, il me fallait créer suffisamment de confiance et de sécurité pour la ressentir pleinement au lieu d'être paralysé par elle. En d'autres mots, il me fallait un contexte assez large pour y inclure tout ce qui pourrait attirer mon attention, y compris la mort.

La philosophie de l'immortalité commence par la question de savoir si la mort est inévitable et complètement hors de contrôle. Le simple fait de se poser la question donne beaucoup de pouvoir, car cela élève au-delà du sentiment d'être victime. Après tout, y a-t-il une meilleure manière d'être victime que de se laisser submerger par la croyance que l'on n'a aucun contrôle sur le destin de son corps physique ?

N'oubliez pas que vous créez à coup sûr ce que vous considérez comme vrai dans votre vie. Pendant ce temps, vous ne pouvez pas vivre pleinement, puisque vous continuez à refouler toute pensée ou sensation associée à vos croyances inconscientes et incontestées à propos de la mort.

La philosophie de l'immortalité vous aide à prendre la responsabilité de ces pensées et sentiments, tout en vous donnant un contexte suffisamment large pour les contenir. Ils peuvent dès lors disparaître, comme les autres pensées ou sentiments. Ce qui me perturbait le plus était la crainte d'une catastrophe générale. Je ne pouvais m'imaginer rester ici parmi les ruines après la disparition de 90 % de la population. D'un autre côté, c'était le seul problème dont l'envergure méritait mon total engagement.

Il manquait encore une pièce au puzzle et c'était là la source de mon problème. Je pensais détenir l'ultime contexte, mais je fus obligé de reconnaître que ce n'était pas le cas.

Ce qui manquait était l'idée que notre vraie nature est celle des maîtres interdimensionnels, que nous vivons simultanément sur différentes dimensions. Dans nos aspects les plus élevés, nous sommes donc déjà des êtres de la conscience christique. Nous sommes des êtres spirituels vivant une expérience humaine ici-bas, dans la troisième dimension. Cette prise de conscience permet de vivre sa vie dans son véritable contexte.

Notre mission consiste à s'éveiller à notre vraie nature afin de poursuivre ce que nous sommes venus faire ici. Notre véritable objectif est d'apporter des plus hautes dimensions notre lumière et notre sagesse pour co-créer le paradis sur terre, pour aider cette planète à naître dans la quatrième dimension.

Et le processus est tout à fait à l'image de la naissance car, en fait, il s'agit bien d'une naissance. Plus nous sommes éveillés et conscients, plus nous sommes en mesure d'aider la planète avec sagesse et gentillesse. Il y a de fortes chances pour que ce soit un voyage sûr et passionnant, dans la mesure où nous le souhaitons.

Comparez cela à l'autre possibilité. Si nous dormons et sommes remplis de peur, la naissance sera un reflet de cet état, c'est-à-dire une expérience remplie de craintes, de douleurs et de luttes.

La planète tout entière et tous ses habitants sont confrontés à cette transformation. Nous sommes tous en mutation, la planète traverse une période de transition, comme chacun de nous individuellement. Certains d'entre nous en sont plus conscients que d'autres. Cela signifie que nous avons l'occasion de connaître la joie de recevoir un plus grand courant de lumière, mais aussi l'inconvénient de voir notre ancien monde se dissiper avant l'achèvement du nouveau monde.

Que cela vous plaise ou non, nous sommes tous en mutation et si nous résistons, cela ne pourra qu'empirer. Si vous tentez de retourner à votre ancienne façon d'être, cela ne marchera plus, alors que si vous commencez à vous considérer comme un maître présent pour co-créer le paradis sur terre, vous évoluez vers la transformation et, par conséquent, vous l'aidez. Vous trouverez votre voie plus facilement.

En effet, nous créons infailliblement notre réalité. Tout ce que nous percevons à l'extérieur n'est qu'un reflet de ce que nous sommes intérieurement. Si nous voyons de la peur et des limitations, c'est que nous les vivons en nous-mêmes.

A partir du moment où nous nous éveillons à notre nature véritable et où nous nous identifions aux maîtres que nous sommes, cela devient notre vécu intérieur. Plus cela devient notre vécu intérieur, plus nous sommes capables de le projeter vers l'extérieur et, ce faisant, nous participons effectivement à la création du paradis sur terre. Nous avons le pouvoir de modifier le futur. Tout est fonction de notre conscience.

La deuxième apparition du Christ n'est pas la deuxième apparition d'un homme, mais plutôt une émanation de la lumière dans tous les êtres qui sont prêts. Les êtres vivant sur cette planète commencent à être éclairés de l'intérieur et à se fier davantage à leur autorité intérieure. Les Gris sont partis, l'équilibre bascule.

Parallèlement, la planète a moins à faire. À un certain moment, nous atteindrons un niveau exponentiel, puis le saut dans la dimensionnalité et la conscience se fera, et la planète s'illuminera de l'intérieur.

Nous ne quitterons pas la planète par ascension ; nous nous élèverons dans des corps de lumière et resterons... au niveau de la quatrième dimension. Bon voyage !

22

L'ACCOMPLISSEMENT

Depuis que j'avais vu les vidéos de Drunvalo, j'avais décidé d'assister à un de ses ateliers. Je l'avais contacté pour la première fois en février 1993 pour lui demander la permission d'utiliser son matériel et d'être inscrit sur sa liste d'adresses. Il m'avait répondu qu'il m'inscrirait sur sa liste, mais je n'en avais jamais reçu de nouvelles. En fait, je n'entendis parler de lui qu'en décembre 1993, lorsque mon ami Alfred Lee m'informa que Drunvalo donnerait un séminaire en janvier 1994. Il s'agissait du dernier atelier de "Fleur de Vie" qu'il donnerait lui-même.

Je décidai de m'inscrire avec ma compagne Lois et mon ami Alfred mais, lorsque j'appelai pour réserver, j'appris que c'était complet. On nous inscrivit donc sur la liste d'attente en précisant que nos chances d'être admis étaient plutôt minces. Mais on nous signala également que Drunvalo avait l'intention de donner un dernier atelier en avril.

L'échéance du mois de janvier arriva sans le moindre signe de vie. De toute évidence, nous avions manqué le coche ; j'abandonnai l'idée et oubliai tout.

Puis, un jour de février, alors que je pensais appeler Drunvalo pour me renseigner au sujet du dernier atelier, le téléphone sonna. Je répondis, c'était Drunvalo Melchizedek lui-même. J'étais stupéfié de la "coïncidence".

Il me dit qu'il donnerait effectivement un dernier atelier à Austin, Texas, en avril ; la partie "Fleur de Vie" était prolongée et durerait six jours, en plus de trois journées supplémentaires consacrées au travail sur le corps émotionnel, conçu pour établir un premier contact avec le moi supérieur. Il me dit qu'il nous restait une place pour chacun et voulait savoir si nous étions intéressés.

Bien entendu que j'étais intéressé ! J'appelai immédiatement Alfred pour m'assurer qu'il était aussi inscrit. Puis j'appelai mon fils Brett, qui nous avait accompagnés à l'atelier de vidéos en juin 1992 et qui montrait un intérêt semblable au mien pour les travaux de Drunvalo. Brett était, à l'époque, très occupé par ses études de troisième année de droit. Mais pour une pareille occasion, il avait le temps et confirma son inscription.

Drunvalo me dit aussi qu'il transmettait l'atelier à des moniteurs formés et qu'il y aurait un programme de formation pour les aspirants moniteurs. Cela comblait mes rêves et désirs, c'était l'accomplissement de trois années d'intenses recherches.

Durant les années où j'avais travaillé avec le rebirth, j'avais dirigé des séminaires et des ateliers avec un certain succès. Malgré cela, j'étais de plus en plus conscient de ce qui ne marchait pas.

Au fond, c'était une question de résistance. J'avais une bonne formation sur le corps émotionnel mais, à cause de la dualité venant de l'hémisphère gauche de mon cerveau, je ne lui faisais pas autant confiance. J'avais de moins en moins d'illusions à cause de ce que je voyais du mouvement "Nouvel

Âge". Je voyais de plus en plus de gens qui parlaient d'amour et d'harmonie, puis agissaient "comme si" la vie était merveilleuse, mais qui semblaient totalement coupés de la réalité. C'était comme s'ils s'étaient mis des oeillères pour éviter de voir toute la négativité et, ce faisant, ils créaient encore plus de séparation.

Je me débattais aussi avec ma pratique de rebirth, qui semblait stagner. Elle devenait vieillotte et désuète. Je continuais de ressasser le même matériel et cela ne marchait plus très bien. J'avais l'impression que le rebirth devait lui-même renaître ou que, du moins, l'expérience que j'en avais devait renaître.

Trois ans environ auparavant (à peu près au moment où cette histoire avait commencé), j'avais décidé d'abandonner le plus de choses possible. J'avais laissé tomber mon entreprise et cessé complètement de lutter. J'avais pris la décision de ne faire que ce qui me plaisait et de permettre au côté logique de mon cerveau de s'exprimer totalement, de s'ouvrir suffisamment pour y inclure toute la dualité et la séparation que je percevais jusqu'à ce qu'elles soient complètement intégrées. Alors seulement je pourrais croire et accepter l'hémisphère droit, celui de l'intuition.

Notre nature intuitive a besoin d'être soutenue et rassurée par notre pensée rationnelle afin de rester enracinée. C'est notre pensée rationnelle qui a besoin de saisir la forme existant derrière toute réalité et de veiller à ce que cette forme sous-jacente soit reliée à tout. Cette compréhension de l'hémisphère gauche nous donne la capacité d'ouvrir notre cœur et de sentir la connexion que connaît déjà la pensée rationnelle. Celle-ci peut alors soutenir totalement ce que nous ressentons intuitivement.

Je comprends maintenant qu'à cette étape de ma vie, il m'ait fallu lâcher prise sur qui ne marchait pas afin de laisser de la place pour les choses réelles.

Nous sommes donc allés à Austin, Texas. Je savais que l'atelier me plairait, mais je ne savais pas ce qui m'attendait. Bien sûr, je n'ignorais pas les sujets qui seraient abordés — ils m'étaient déjà intimement familiers, sauf en ce qui concernait le voyage récent de Drunvalo en Angleterre. Mais ce fut merveilleux d'entendre tous ces thèmes présentés par Drunvalo en personne et de pouvoir poser des questions ; je permis d'ailleurs à l'hémisphère gauche de mon cerveau de poser toutes les questions qui me venaient à l'esprit. Poser des questions était merveilleux, mais ce n'était que le début.

L'aspect "expérience" de l'atelier fut absolument incroyable. En tant que groupe, nous créâmes la conscience d'unité d'une présence vivante. Nous n'étions que différents aspects du Tout, différentes cellules d'un seul corps. En essence, nous avions créé une réalité de la quatrième dimension.

Tout commença avec Drunvalo qui, je crois, est l'incarnation parfaite de la conscience d'unité. Il semble être toujours dans le moment présent, vivant en pleine conscience de son lien intime avec la totalité de la vie. Il nous annonça qu'il ferait de son mieux pour présenter son sujet, et il tint parole. Il était toujours entièrement disponible pour chacun et ne semblait jamais se fatiguer. Il est plein de vie, avec l'innocence d'un enfant et pourtant, il ne perd jamais le fil de son sujet. Il a l'air tout à fait naturel et ne juge pas.

Vraiment, je n'ai jamais vu personne comme lui. D'après moi, le plus important est qu'il fait fonction de catalyseur pour nous montrer que nous possédons tous cette qualité spéciale : voir, vivre et être l'Esprit en tous et en tout. Il insiste sur le fait que nous faisons tous partie de Dieu, que personne n'est supérieur à personne. Il ne se présente pas comme un professeur ou un gourou, mais comme un catalyseur qui se consacre totalement à sa tâche, qui est de nous montrer à tous notre véritable nature.

À une certain moment du séminaire, nous avons appris à voir l'aura en focalisant notre regard différemment, technique que l'on pourrait qualifier de " fixation douce". Nous avons donc pratiqué cette " fixation douce" sur un volontaire vêtu de blanc qui se tenait debout sur un fond blanc, sous un éclairage tamisé. L'aura devait alors émaner de la personne.

Drunvalo était le troisième et dernier volontaire. Je vis son aura, mais ce qui me surprit le plus fut le changement constant de son expression faciale. Celle-ci changeait très rapidement, comme s'il y avait trois ou quatre entités présentes. Je lui fis part de mon observation et lui demandai ce qu'il en pensait. Il me répondit que l'atelier avait été créé par lui, amis aussi par Thoth et les quatre autres Melchizedeks actuellement sur la planète. Il me dit aussi que leurs énergies étaient présentes et qu'elles ont tendance à faire surface lorsque l'on discute de leurs sphères de compétences.

Il poursuivit en nous parlant de son expérience de walk-in, puis nous signala que nous étions tous fort probablement des walk-in et que le moment le plus favorable à un transfert était une expérience de proximité de la mort. Cette phrase résonna dans toutes les cellules de mon corps.

Je me rappelai soudainement de l'expérience de mort que j'avais eue à Amsterdam durant l'été 1980.

Cette expérience eut lieu pendant que je faisais ma formation d'un an pour devenir professionnel de rebirth. J'avais depuis quelques semaines une sensation très intense, qui atteignit son point culminant un soir. Je sentis l'énergie vitale quitter mon corps, comme un ballon qui se dégonfle. Par la suite, mes amis me dirent que j'étais devenu très pâle. À ce même moment, j'eus l'impression d'être à l'extérieur de mon corps, simple témoin de l'événement. Je n'éprouvais aucune crainte, je ne paniquais pas, je ne faisais qu'observer. Je suis convaincu que ma croyance en l'immortalité me donnait un sentiment de sécurité. Après un court laps de temps, je revins dans mon corps et en discutai avec mes amis, qui avaient tous assisté à ce phénomène.

Cela pouvait-il être mon expérience de walk-in ? En y pendant, j'eus l'impression que c'était bien le cas. J'ai appris à faire confiance aux messages transmis par mon corps et c'était là l'un des messages les plus clairs que j'aie jamais reçus.

Drunvalo ajouta qu'en tant que walk-in, on reprend le karma du corps que l'on habite, ainsi que le plein usage de sa mémoire et de sa formation. On ne sait probablement pas consciemment que l'on est un walk-in tant que le moment n'est pas venu. Il ajouta que le moment en question était arrivé.

Il y a de fortes chances que vous soyez aussi un walk-in d'une dimension supérieure et que cette lecture vous serve de catalyseur pour réveiller votre mémoire. Si c'est votre vérité, soyez le (la) bienvenu(e) !

J'ai aussi appris que, comme toute chose, nous étions triples. Nous possédons un moi supérieur, un moi central (nous-même dans notre corps) et un moi inférieur. Afin d'être relié au moi supérieur, il est d'abord nécessaire de se relier au moi inférieur. Il n'y a pas d'autre moyen.

Le moi inférieur correspond à notre subconscient, c'est un enfant âgé de deux à six ans. Vous établissez le lien avec le moi inférieur en réapprenant à être enfant, ce qui veut dire s'amuser. Cela signifie aussi être innocent, sensible, et permettre à votre cœur de s'ouvrir et de se relier avec la nature. Il est impossible de se relier au moi inférieur avec une approche d'adulte sophistiqué.

Le moi inférieur n'est pas seulement constitué de notre subconscient, c'est aussi le subconscient de la planète tout entière, à laquelle nous sommes reliés. Nous avons perdu ce lien ; nous avons coupé notre relation avec la Terre et il est grand temps de nous y rattacher.

A partir du moment où vous vous êtes relié au moi inférieur, vous pouvez établir la relation avec le moi supérieur. Cette relation ne peut cependant pas être forcée — elle se fera lorsque le moi inférieur vous jugera prêt. Alors il s'en occupera.

Je me rendis compte que j'étais déjà profondément engagé dans ce processus. Il avait débuté en 1970 quand j'avais quitté la carrière d'enseignant, à l'âge de vingt-six ans, et qu'on ne pouvait plus m'obliger à rejoindre l'armée. J'étais en désaccord total avec la guerre du Vietnam et m'étais juré de ne pas y participer. En 1970, je quittai donc l'enseignement dans un système qui, à mon avis, ne marchait pas. Je décidai alors de ne satisfaire que mes désirs et de me faire plaisir.

Depuis 1970, j'ai développé une merveilleuse relation intime avec la planète et ses éléments. Pour moi, ils sont devenus totalement vivants et j'éprouve pour eux un amour très profond. Toutefois, j'avais perdu beaucoup de mon enjouement et de mon innocence, ce qui avait abouti à ma décision d'il y a trois ans, lorsque j'avais lâché prise. Je suis maintenant en train de reconquérir ces qualités.

J'étais content d'apprendre que Drunvalo avait agi de la même manière à peu près au même moment et pour des raisons semblables. Il s'y était sans doute engagé plus à fond, et s'était même installé dans les bois pour se reconnecter réellement avec la Terre.

Durant un autre exercice guidé de l'atelier, je rencontrai mon moi supérieur sous forme de deux anges — un masculin et un féminin. Je demandai alors des "preuves" que le lien était réel. Les "preuves" se manifestèrent comme suit.

Drunvalo avait mentionné plus tôt au cours du séminaire que nous pourrions retourner une dernière fois dans la nature pour faire l'expérience de notre lien avec la totalité de la vie. Il nous avait dit que nous nous rendrions dans deux endroits merveilleux. J'étais plutôt sceptique, étant donné ma perception du Texas qui, en gros, se limitait au bétail et à l'armoise. Mais je me trompais, nous nous sommes effectivement rendus dans deux endroits merveilleux et très particuliers ! Nous prîmes d'abord un long sentier tortueux qui menait à un ruisseau puis à un emplacement féérique : un étang avec une caverne semi-circulaire suspendue, qui ressemblait à une tribune sculptée dans la Terre. Nous y passâmes quelques heures à nous lier avec la nature, en pratiquant la méditation des quatorze respirations.

En partant, je remarquai des poissons dans l'étang et m'agenouillai pour jeter un coup d'œil. L'eau était calme et paisible, et je voyais clairement les poissons nager, inconscients de ma présence. Tout à coup, un poisson deux fois plus gros que les autres s'approcha de moi et me fixa du regard. Je m'approchai davantage de l'eau, à peu près à un mètre de lui, et je soutins son regard durant quelques minutes. Ce poisson semblait avoir une conscience de lui-même très différente des autres poissons qui, eux, nous semblaient inconscients. Il s'éloigna de quelques mètres, puis revint pour rétablir le contact visuel. Ceci dura au moins deux minutes.

Je m'étais déjà relié à d'autres animaux sauvages dans le passé — écureuils, ratons-laveurs, renards et, une fois, j'avais réussi à approcher et à caresser un chevreuil. Mais je n'avais jamais établi de relation avec un poisson. L'expérience était saisissante, ma conscience s'éleva immédiatement de quelques harmoniques et je compris directement les buts qui avaient été fixés pour la journée — sentir la nature naître et voir la présence de l'Esprit en toute chose.

Était-ce là la preuve que j'avais demandée aux anges ? Nous avions discuté plus tôt dans la semaine de la façon dont les "Frères de l'Espace" venant des dimensions supérieures descendent à notre niveau, en prenant une forme appropriée à l'instant présent pour nous saluer.

Le lendemain, le petit déjeuner fut le moment des dernières discussions et des adieux, car la plupart des participants avaient un vol matinal au programme.

À notre table, la conversation se focalisa autour d'un couple qui attendait un enfant dans les semaines suivantes et qui envisageait une naissance dans l'eau. Je leur offris mon soutien total et insistai sur le fait qu'il était important de laisser le cordon ombilical intact pendant quatre heures après la naissance. Ceci donnerait à l'enfant la chance d'apprendre à respirer, plutôt que d'être forcé à prendre sa première respiration. Tout le monde écoutait avec intérêt et me posa des questions ; je me retrouvai rapidement au centre d'une discussion dans laquelle je soulignais les nombreux bienfaits du rebirth.

Une femme assise à l'autre bout de la table, qui avait d'ailleurs peu parlé mais écoutait attentivement, demanda soudain : "Pouvons-nous faire une séance maintenant ?" Faire une séance était vraiment la dernière chose que je pouvais envisager. Je répondis donc : "Je ne vois pas comment ce serait possible, nous avons besoin d'intimité et nous devons avoir quitté nos chambres pour midi". Elle répliqua : "Oui, mais il n'est que dix heures". Je sentais son amour et sa détermination, et je me rendis compte que je ne pouvais pas refuser. Je commençais aussi à sentir que quelque chose descendait des niveaux supérieurs.

Au cours de l'atelier, plusieurs personnes avaient traversé divers niveaux de libération émotionnelle intense. J'avais souvent assisté à un phénomène qui m'était devenu très familier — les gens plongeaient dans une séance de rebirth spontanée au moment de cette libération. L'institution médicale appelle cette expérience l'hyperventilation et, ne sachant pas ce qui se passe, intervient habituellement pour la faire cesser. Ce phénomène m'était donc familier de par le passé et, chaque fois, il y avait eu un moniteur présent pour accompagner et guider la personne afin qu'elle puisse achever un cycle énergétique en utilisant le véhicule que constitue sa respiration. Les résultats étaient toujours puissants et positifs.

Mais ici, à cet atelier, il n'y avait pas d'autre moniteur que moi et un autre participant. De plus, personne n'avait manifesté d'intérêt. Je m'étais senti frustré, car je savais que je possédais une technique très puissante qui répondait à un besoin et à un désir, mais il n'y avait pas d'espace pour elle. Je n'avais pas la permission de servir de cette manière et, par conséquent, je ne pouvais pas le faire.

Je savais aussi que le rebirth était un véhicule qui pouvait permettre aux gens de s'élever vers des niveaux très élevés après les expériences faites au cours d'un atelier. Du moins je le savais en théorie, mais je ne l'avais pas encore mis en pratique. Il fallait essayer.

J'avais la candidate idéale, ouverte et bien disposée. Notre séance de rebirth confirma totalement ce que je savais. Elle fut entourée de la présence de Maîtres ascensionnés et de ses anges ; elle sentit leur présence. Elle eut alors l'impression de régresser à l'âge de trois mois, puis dans l'utérus, jusqu'au moment où elle atteint le Grand Vide. De là elle retourna dans l'utérus, revécut sa naissance pour ensuite grandir jusqu'à l'âge de trois mois. Durant le processus, elle put renaître à la pleine conscience de son lien total avec la totalité de la vie. Ensemble, nous fûmes envahis par un sentiment d'amour et d'unité que les mots ne sauraient décrire.

Non seulement cette expérience mit un terme à l'atelier, mais en plus elle confirma ce que je savais mais n'avais pas encore pu prouver. Elle servit aussi à me démontrer, au-delà de tout doute, qu'une liaison avec le moi supérieur s'était établie, que tout avait été orchestré par des niveaux de dimensions supérieures. La meilleure analogie que je puisse donner est la suivante : si l'on est bien préparé, le rebirth est comparable à une initiation dans la Grande Pyramide.

Cette séance de rebirth m'amena vers l'accomplissement ; je sus avec une certitude totale que je deviendrais moniteur de "Fleur de Vie", une technique que j'associerais à celle du rebirth. Pourtant, je le savais depuis que je l'avais appris de Drunvalo à l'occasion d'une conversation téléphonique, mais j'avais aussi remarqué que certains doutes s'étaient introduits. J'étais en plein milieu du processus de guérison que je décris dans ce livre.

Tandis que mes doutes fondaient comme neige au soleil, il me restait la pleine présence de mon objectif véritable, celui d'un maître des dimensions supérieures descendu ici-bas pour co-créer le paradis sur terre. Je ne dis ceci que pour vous rappeler votre grandeur. L'Esprit de Dieu vit en chacun de nous, vous n'avez qu'à regarder dans les yeux d'une autre personne... Le temps est maintenant venu de s'en souvenir !

23

QUEL EST LE SENS DE TOUT CECI ?

Et maintenant, que signifie tout ceci ? En premier lieu, n'oubliez-pas que rien n'est vrai dans ce livre — et pourtant, c'est exactement ainsi que sont les choses.

Permettez-moi de vous indiquer ce que cela ne signifie pas. Cela ne signifie pas que l'on peut compter sur la technologie pour se sortir de la situation actuelle. L'ultime technologie est celle du merkaba externe. Voila là message de Cydonia.

C'est notre dépendance sans cesse croissante par rapport à la technologie qui est la source première de notre problème. En fait, plus nous évoluons sur le plan technologique, plus nous devenons ignorants. Nous nous séparons de plus en plus de l'Esprit unique et nous nous affaiblissons.

Nous perdons nos forces en donnant notre pouvoir à la technologie, c'est-à-dire à des objets externes. Nous devenons alors dépendants de ces objets au point de ne plus être capables d'agir par nous-même. Nous prenons aussi l'habitude d'obéir à une autorité extérieure.

Le principe directeur de la nouvelle conscience nous dit de suivre notre propre autorité plutôt que l'autorité extérieure (en obéissant aux ordres). Cela signifie suivre l'Esprit à l'intérieur de soi sans la moindre hésitation. En apprenant à agir ainsi, nous découvrirons que nous possédons déjà tout ce dont nous avons besoin — tout est à l'intérieur.

De plus, nous serons amenés au bon endroit en temps voulu pour rencontrer les gens que nous devons rencontrer. Le meilleur exemple qui me vienne à l'idée concerne l'origine de ce livre.

C'est parce que j'ai suivi l'Esprit sans hésitation que tout a parfaitement fonctionné.

Ma motivation première était de traiter ce sujet à cause de l'intérêt que je lui portais. Un jour un client en rebirth nommé Richard Grossinger vint me voir. Richard est chargé de la maison d'édition qui a fait paraître le livre de Richard Hoagland intitulé Les Monuments Sur Mars.

Ce livre, évidemment, était en plein dans le domaine qui m'intéressait et ma tendance naturelle fut de faire part à Richard de mes connaissances sur la planète Mars. Peu après, il me demanda si je voulais écrire ce livre.

Quelques mois plus tard, il me présenta à sa fille de dix-neuf ans, Miranda. La conversation se focalisa sur la planète Mars, les extra-terrestres, les gouvernements secrets et ainsi de suite. Par après, Richard lui demanda ce qu'elle en pensait et elle répondit : "Bien entendu, rien de ce qu'il a dit n'est vrai, mais c'est exactement ainsi que sont les choses".

Étant donné que je ne sais pas me servir d'un ordinateur (je ne sais même pas taper à la machine), il fallait absolument engager quelqu'un pour le projet. C'est alors qu'entra en scène Lois Cheesman, qui a prouvé à maintes reprises qu'elle était la partenaire idéale pour une telle aventure.

Je rencontrai un nouvel ami, Alfred Lee, qui me proposa de faire certains dessins de géométrie sur l'ordinateur. Il était capable de les faire plus rapidement et mieux que je ne pouvais le faire à la main.

C'est ainsi que tout marche. Quand on suit l'Esprit, tout vient à temps sans qu'on ait besoin de faire le moindre effort.

Les êtres appartenant aux civilisations les plus évoluées de la galaxie n'ont rien et ne possèdent rien en dehors d'eux-mêmes. Ils peuvent faire tout ce qu'ils désirent sans aucun objet extérieur.

Même si nous créons des machines externes, nous devons d'une manière ou d'une autre parvenir à faire nous-mêmes ce que font les machines.

Voilà la direction que nous devons suivre. En passant de la troisième à la quatrième dimension de conscience, c'est-à-dire de la conscience des limitations et de l'état de victime à la maîtrise de l'expression divine, nous apprenons que nous avons tout ce qu'il faut en nous-mêmes. Notre prochaine étape de conscience sera de rentrer en nous-mêmes afin de le découvrir.

L'expression ultime de cette source interne est le merkaba. La grande majorité des êtres vivant dans notre galaxie utilisent le merkaba interne — ils n'ont absolument pas besoin de quelque chose venant de l'extérieur d'eux-mêmes. Ils habitent leur véhicule d'espace-temps vivant et ont tout ce dont ils ont besoin.

Bientôt, nous les rejoindrons.

POUR TOUTE INFORMATION CONCERNANT
LES ATELIERS DE REBIRTH ET DE "FLEUR DE VIE", ÉCRIVEZ À :

Bob Frissell
a/s North Atlantic Books
P.O. Box 12327
Berkeley, CA 94712

Veuillez inclure une enveloppe affranchie
à votre nom et adresse.

Achevé d'imprimer sur rotative
par l'Imprimerie Darantiere à Dijon-Quetigny
en octobre 1997

Dépôt légal : 4e trimestre 1997
N° d'impression : 97-1182

Vous trouverez la collection "L'âge de Lumière"
dans notre catalogue complet et gratuit
sur simple demande :

ÉDITIONS VIVEZ SOLEIL

France : BP 18
74103 Annemasse Cedex
Tél. 04.50.87.27.09
Fax 04.50.87.27.13

Suisse : CP 313
1225 Chêne-Bourg / Genève
Tél. 022/349.20.92